高等学校"十三五"规划教材

大学计算机实践指导

王鹏远　陈嫄玲　苏　虹　等　编著

U0316924

中国铁道出版社有限公司
CHINA RAILWAY PUBLISHING HOUSE CO., LTD.

内 容 简 介

　　本书依据教育部高等学校大学计算机课程教学指导委员会编制的《大学计算机基础课程教学基本要求》，结合普通高校的实际情况编写。本书基于"四新"（新工科、新农科、新医科和新文科）思想和理念，指导学生树立计算思维意识，重点培养学生利用计算机处理和解决实际问题的理念、方法和综合应用能力，为后续相关课程的学习奠定坚实的基础。

　　全书分为基础篇和应用篇两篇，共 11 章内容。基础篇（第 1～5 章）内容包括计算机操作系统基础、文字处理软件 Word 2010、电子表格处理软件 Excel 2010、演示文稿制作软件 PowerPoint 2010、计算机网络与 Internet 应用基础；应用篇（第 6～11 章）内容包括 Windows 操作系统、数据库的基本应用、可视化计算、C 语言程序设计基础、VB 语言程序设计基础和 Python 语言程序设计基础。

　　本书兼顾计算机软件和硬件的最新发展，结构严谨，层次分明，叙述准确，适合作为高校非计算机专业大学计算机课程的教材，也可作为计算机技术培训用书和自学用书。

图书在版编目（CIP）数据

大学计算机实践指导/王鹏远等编著. —北京：中国铁道出版社
有限公司，2019.8
高等学校"十三五"规划教材
ISBN 978-7-113-25970-9

Ⅰ.①大… Ⅱ.①王… Ⅲ.①电子计算机－高等学校－教学参考
资料 Ⅳ.①TP3

中国版本图书馆 CIP 数据核字(2019)第 122139 号

书　　名：大学计算机实践指导
作　　者：王鹏远　陈嫄玲　苏　虹　等

策　　划：韩从付　周海燕　　　　　　　　编辑部电话：010-63589185 转 2019
责任编辑：周海燕　徐盼欣
封面设计：乔　楚
责任校对：张玉华
责任印制：郭向伟

出版发行：中国铁道出版社有限公司（100054，北京市西城区右安门西街 8 号）
网　　址：http://www.tdpress.com/51eds/
印　　刷：北京铭成印刷有限公司
版　　次：2019 年 8 月第 1 版　2019 年 8 月第 1 次印刷
开　　本：787 mm×1 092 mm　1/16　印张：13.25　字数：318 千
书　　号：ISBN 978-7-113-25970-9
定　　价：32.00 元

前　言

随着计算机科学和信息技术的飞速发展，计算机在经济与社会发展中的地位日益重要。大学计算机素质教育已经从传承计算文化、弘扬计算科学，过渡到以培养大学生计算思维，提高计算机应用能力的课程改革方向转变。大学计算机基础教育已踏上了新的台阶，步入了一个新的发展阶段，各专业对学生的计算机应用能力提出了更高的要求。为适应计算机科学技术和应用技术的迅猛发展，适应高等学校基于"四新"（新工科、新农科、新医科和新文科）对学生知识结构和能力要求的变化，依据教育部高等学校大学计算机课程教学指导委员会《关于进一步加强高等学校计算机基础教学的意见》和《大学计算机基础课程教学基本要求》，结合《中国高等院校计算机基础教育课程体系》报告，在总结多年来教学实践经验的基础上编写了本书。本书实例丰富，所有实例均为一线教师授课使用的原创代表性经典案例，贴合"四新"要求，有助于学生更好地理解计算思维。

大学计算机是高等教育非计算机专业的公共必修课程，是高校开展工程认证和专业认证的重要支撑课程，是学习其他计算机相关技术课程的先导性和基础性课程。本书编写的宗旨是使读者全面、系统地了解计算机基础知识，具备计算机实际应用能力，并能在各自的专业领域自觉地应用计算机进行学习与研究。在教材内容组织上，根据工程认证标准"使用现代工具"对本课程的要求，加强了数据库技术、数据结构、程序设计与算法和软件工程等方面的基础概念、原理和方法的介绍，使学生在提高计算机基本素养、培养计算思维意识的前提下，为后续相关课程的学习奠定坚实的基础。

本书是《大学计算机》（包空军、程静、王鹏远主编）的配套实践教材，为学生通过实践操作加强对课堂教学内容的理解提供了基本保障。本实践指导分两篇：基础篇和应用篇。基础篇为第 1 章到第 5 章，实验涉及对计算机的基础操作，诸如计算机操作系统基础、办公软件应用、计算机网络与 Internet 应用基础等；应用篇为第 6 章到第 11 章，实验涉及 Windows 操作系统、数据库应用、算法和程序设计等。每个实验都有明确的实验学时、实验目的、相关知识、实验范例和实验要求五大内容。由于实验学时限制，本书仅规定了最基本的实习内容，教师可以根据课堂的教学进度增加一些实习练习题目。

　　本书由郑州轻工业大学王鹏远、陈嫄玲、苏虹、包空军、程静、尚展垒、孙占锋、耿雪春、李萍和张凯编著。其中，第 1 章和第 2 章由耿雪春编著，第 3 章和第 11 章由苏虹编著，第 4 章和第 6 章由陈嫄玲编著，第 5 章由孙占锋和张凯编著，第 7 章由尚展垒和陈嫄玲编著，第 8 章由王鹏远编著，第 9 章由王鹏远和李萍编著，第 10 章由程静编著。王鹏远负责全书的统稿和组织工作。在本书的编写和出版过程中得到了郑州轻工业大学、河南省高校计算机教育研究会、中国铁道出版社有限公司的大力支持和帮助，在此由衷地向他们表示感谢！

　　由于编者水平有限，书中的选材和叙述都难免会有不足和疏漏之处，敬请各位读者批评指正。

编　者
2019 年 6 月

目 录

基 础 篇

应 用 篇

基 础 篇

第①章　计算机操作系统基础

本章主要讲述 Windows 7 的基本操作。通过本章的实验，了解 Windows 7 的桌面、"开始"菜单、驱动器、文件、文件夹、库、控制面板等内容，掌握 Windows 7 的常用操作以及通过控制面板对计算机进行一些必要的软、硬件设置，学会对磁盘进行必要的清理和维护操作等。

实验一　Windows 7 的基本操作

一、实验学时

2 学时。

二、实验目的

（1）认识 Windows 7 桌面及其组成。

（2）掌握鼠标的操作及使用方法。

（3）熟练掌握任务栏和"开始"菜单的基本操作、Windows 7 窗口操作、管理文件和文件夹的方法。

（4）掌握 Windows 7 中新一代文件管理系统——库的使用。

（5）掌握启动应用程序的常用方法。

（6）掌握中文输入法以及系统日期/时间的设置方法。

三、相关知识

1. Windows 7 桌面

"桌面"就是用户启动计算机登录到系统后看到的整个屏幕界面，它是用户和计算机进行交流的窗口，可以放置经常用到的应用程序和文件夹图标。用户可以根据自己的需要在桌面上添加各种快捷图标，在使用时双击图标就能够快速启动相应的程序或文件。以 Windows 7 桌面为起点，用户可以有效地管理自己的计算机。

第一次启动 Windows 7 时，桌面上只有"回收站"图标。桌面最下方的小长条是 Windows 7

系统的任务栏，它显示系统正在运行的程序和当前时间等内容，用户可以对它进行一系列的设置。"任务栏"的左端是"开始"按钮，右边是语言栏、工具栏、通知区域和时钟区等，最右端是显示桌面按钮，中间是应用程序按钮分布区，如图 1-1 所示。

图 1-1　Window 7 任务栏

单击任务栏中的"开始"按钮可以打开"开始"菜单，"开始"菜单左边是常用程序的快捷列表，右边为系统工具和文件管理工具列表。应用程序按钮分布区表明当前运行的程序和打开的窗口；语言栏便于用户快速选择各种语言输入法，语言栏可以最小化在任务栏中显示，也可以使其还原独立于任务栏之外；工具栏显示用户添加到任务栏上的工具，如地址、链接等。

2. 驱动器、文件和文件夹

驱动器是通过某个文件系统格式化并带有一个标识名的存储区域。存储区域可以是可移动磁盘、光盘、硬盘等。驱动器的名字是用单个英文字母表示的，当有多个硬盘或将一个硬盘划分成多个分区时，通常按字母顺序依次标识为 C:、D:、E: 等。

文件是有名称的一组相关信息的集合，程序和数据都以文件的形式存放在计算机的硬盘中。每个文件都有一个文件名，文件名由主文件名和扩展名两部分组成，操作系统通过文件名对文件进行存取。文件夹是文件分类存储的"抽屉"，它可以分门别类地管理文件。文件夹在显示时，也用图标显示，包含不同内容的文件夹，在显示时的图标是不太一样的。Windows 7 中的文件、文件夹的组织结构是树状结构，即一个文件夹中可以包含多个文件和文件夹，但一个文件或文件夹只能属于某一个文件夹。

3. 资源管理器

资源管理器是 Windows 系统提供的资源管理工具，可以用它查看本台计算机的所有资源，特别是它提供的树状文件系统结构，能更清楚、更直观地查看和使用文件和文件夹。资源管理器主要由地址栏、搜索栏、工具栏、导航窗格、资源管理窗格、预览窗格以及细节窗格 7 部分组成，如图 1-2 所示。资源管理窗格是用户进行操作的主要地方，用户可进行选择、打开、复制、移动、创建、删除、重命名等操作。同时，根据显示的内容，在资源管理窗格的上部会显示相关操作。

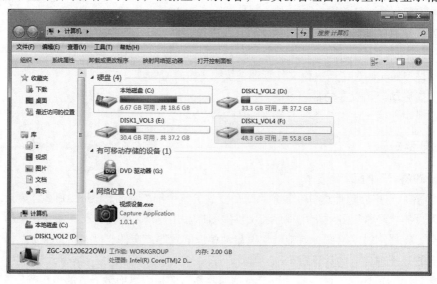

图 1-2　资源管理器

四、实验范例

1．Windows 7 环境下的鼠标基本操作

（1）指向：移动鼠标，将鼠标指针移到操作对象上，通常会激活对象或显示该对象的有关提示信息。

操作：将鼠标指向桌面上的"计算机"图标，观察操作结果。

（2）单击左键（简称单击）：快速按下并释放鼠标左键，用于选定操作对象。

操作：在"计算机"图标上单击，选中"计算机"，观察操作结果。

（3）单击右键（简称右击）：快速按下并释放鼠标右键，用于打开相关的快捷菜单。

操作：在"计算机"图标上右击，弹出快捷菜单。

（4）双击：连续两次快速单击鼠标左键，用于打开窗口或启动应用程序。

操作：在"计算机"图标上双击，观察操作系统的响应。

（5）拖动：鼠标指向操作对象后按下左键不放，然后移动鼠标指针到指定位置再释放按键，用于复制或移动操作对象等。

操作：把"计算机"图标拖动到桌面其他位置。

2．执行应用程序的方法

方法一：对 Windows 自带的应用程序，可通过选择"开始"→"所有程序"中相应的命令来执行。

方法二：在"计算机"找到要执行的应用程序文件，双击（也可以选中之后按【Enter】键；也可右击程序文件，然后选择"打开"命令）。

方法三：双击应用程序对应的快捷方式图标。

方法四：选择"开始"→"运行"命令，在"运行"对话框输入相应的命令后单击"确定"按钮。

3．启动"资源管理器"的方法

方法一：双击桌面上的"计算机"图标。

方法二：按【Win（键盘上有视窗图标的键）+E】组合键。

方法三：右击"开始"按钮，选择"打开 Windows 资源管理器"命令。

方法四：双击桌面上的"网络"图标。如果在桌面上没有"网络"图标，可以在桌面空白处右击，选择"个性化"命令，在打开的窗口中选择"更改桌面图标"项，此时会打开"桌面图标设置"对话框，选中该对话框中的"网络"复选框后单击"确定"按钮即可将"网络"图标添加到桌面上。

4．文件和文件夹的管理

（1）文件或文件夹的选择。

① 选择单个文件或文件夹：单击相应的文件或文件夹图标。

② 选择连续多个文件或文件夹：单击第一个要选定的文件或文件夹，然后按住【Shift】键单击最后一个文件或文件夹，则它们之间的文件或文件夹就被选中了。

③ 选择不连续的多个文件或文件夹：单击第一个要选定的文件或文件夹，然后按住【Ctrl】键不放，同时单击其他待选定的文件或文件夹。

（2）改变文件和文件夹的显示方式。

"资源管理器"窗口的资源管理窗格中显示当前选定项目的文件和文件夹列表，可改变它们的

显示方式。可按以下步骤对文件和文件夹的显示方式进行设置。

① 在"资源管理器"窗口中选择"查看"菜单，依次选择"超大图标"、"大图标"、"列表"、"详细信息"和"平铺"命令，观察资源管理窗格中文件和文件夹显示方式的变化。

② 选择"查看"→"分组依据"命令，通过之后显示的级联菜单可以将资源管理窗格中的文件和文件夹进行分组，如图 1-3 所示。依次选择该级联菜单中的命令，观察资源管理窗格中文件和文件夹显示方式的变化。

③ 选择"查看"→"排序方式"命令，通过之后显示的级联菜单可以将资源管理窗格中的文件和文件夹进行排序显示，如图 1-4 所示。依次选择该级联菜单中的命令，观察资源管理窗格中文件和文件夹显示方式的变化。

图 1-3　"分组依据"级联菜单　　　　图 1-4　"排序方式"级联菜单

④ 选择"工具"→"文件夹选项"命令，打开"文件夹选项"对话框。改变"浏览文件夹"和"打开项目的方式"中的选项，单击"确定"按钮，之后试着打开不同的文件夹和文件，观察显示方式及打开方式的变化。

⑤ 打开"文件夹选项"对话框，选择"查看"选项卡，选中"隐藏已知文件类型的扩展名"复选框，单击"确定"按钮，观察文件显示方式的变化。

（3）创建文件夹和文件。

在 E:盘创建新文件夹以及为文件夹创建新文件的步骤如下：

① 打开"资源管理器"窗口。

② 选择创建新文件夹的位置。在导航窗格中单击 E:盘图标，资源管理窗格中显示 E:盘根目录下的所有文件和文件夹。

③ 选择"文件"→"新建"→"文件夹"命令，然后输入文件夹名称 My Folder1，按【Enter】键。

④ 双击新建好的 My Folder1 文件夹，打开该文件夹窗口，在资源管理窗格空白处右击，选择"新建"→"文本文档"命令，然后输入文件名称 My File1，按【Enter】键。

⑤ 使用同样方法在 E 盘根目录下创建 My Folder2 文件夹，并在 My Folder2 文件夹下创建文本文件 My File2。

（4）复制和移动文件和文件夹。

按以下步骤操作练习文件的复制、粘贴等。

① 打开"资源管理器"窗口。

② 找到并进入 My Folder2 文件夹，选中 My File2 文件。

③ 选择"编辑"→"复制"命令或按【Ctrl+C】组合键或右击并选择"复制"命令，此时，

My File2 文件被复制到剪贴板。

④ 进入 My Folder1 文件夹。

⑤ 选择"编辑"→"粘贴"命令或按【Ctrl+V】组合键或右击并选择"粘贴"命令，此时，My File2 文件被复制到目的文件夹 My Folder1。

移动文件的步骤与复制基本相同，只需将第③步中的"复制"命令改为"剪切"或将【Ctrl+C】组合键改为【Ctrl+ X】组合键。

（5）重命名、删除文件和文件夹。

以下步骤操作练习文件的删除和重命名。

① 打开"资源管理器"，找到并进入 My Folder1 文件夹，选中 My File2 文件。

② 选择"文件"→"重命名"命令或右击并选择"重命名"命令，输入 My File3 后按【Enter】键。

③ 选择 My File3 文件，选择"文件"→"删除"命令或按【Delete】键，在打开的"删除文件"对话框中单击"是"按钮即可删除所选文件。

注：这种文件删除方法只是把要删除的文件转移到了"回收站"，如果需要彻底删除该文件，可在执行删除操作的同时按住【Shift】键。

④ 双击桌面上的"回收站"图标，在"回收站"窗口中选中刚才被删除的文件，单击工具栏中的"还原此项目"按钮，该文件即可被还原到原来的位置。

⑤ 在"回收站"窗口中单击工具栏中的"清空回收站"按钮，对话框确认删除后，回收站中所有的文件均被彻底删除，无法再还原。

文件夹的操作与文件的操作基本相同，只是文件夹在复制、移动、删除的过程中，文件夹中所包含的所有子文件以及子文件夹都将进行相同的操作。

5. Windows 窗口的基本操作

（1）窗口的最小化、最大化、关闭。

打开"资源管理器"窗口，单击窗口右上角的"最小化"按钮，则"资源管理器"窗口最小化为任务栏上的一个图标，此时的窗口仍处于打开状态。

打开"资源管理器"窗口，单击窗口右上角的"最大化"按钮，则"资源管理器"窗口最大化占满整个桌面；此时"最大化"按钮变为"还原"按钮。

打开"资源管理器"窗口，单击窗口右上角的"关闭"按钮，则"资源管理器"窗口被关闭。

（2）排列与切换窗口。

① 双击桌面上"计算机"和"回收站"图标，在桌面上同时打开这两个窗口。

② 右击任务栏空白区域，打开任务栏快捷菜单。

③ 选择任务栏快捷菜单中的"层叠窗口"命令，可将所有打开的窗口层叠在一起。单击某个窗口的标题栏，可将该窗口显示在其他窗口之上。

④ 单击任务栏快捷菜单中的"堆叠显示窗口"命令，可在屏幕上横向平铺所有打开的窗口。此时可以同时看到所有窗口中的内容，用户可以很方便地在两个窗口之间进行复制和移动文件的操作。

⑤ 切换窗口。按住【Alt】键然后再按下【Tab】键，屏幕会弹出一个任务框，框中排列着当前打开的各窗口图标，按住【Alt】键的同时每按一次【Tab】键，就会顺序选中一个窗口图标。

选中所需窗口图标后释放【Alt】键，相应窗口即被激活为当前窗口。

6．库的使用

库可以集中管理视频、文档、音乐、图片和其他文件。在某些方面，库类似传统的文件夹，但与文件夹不同的是，库可以收集存储在任意位置的文件。

（1）Windows 7 库的组成。

Windows 7 系统默认包含视频、图片、文档和音乐 4 个库，当然，用户也可以创建新库。要创建新库，可先要打开"资源管理器"窗口，然后单击导航窗格中的"库"，单击工具栏中的"新建库"按钮后直接输入库名称即可。

在"资源管理器"窗口中，选中一个库后右击，选择"属性"命令，即可在所打开对话框的"库位置"区域看到当前所选择库的默认路径。可以通过该对话框中的"包含文件夹"按钮添加新的文件夹到所选库中。

（2）Windows 7 库的添加、删除和重命名。

① 添加指定内容到库中。要将某个文件夹的内容添加到指定库中，只需在目标文件夹上右击，选择"包含到库中"命令，之后根据需要在级联菜单中选择一个库名即可。通过级联菜单中的"创建新库"可以将所选文件夹内容添加至一个新建的库中，新库的名称与文件夹的名称相同。

② 删除与重命名库。要删除或重命名库，只需在该库上右击，选择"删除"或"重命名"命令即可。删除库不会删除原始文件，只是删除库链接而已。

按照实验步骤完成实验，观察设置效果后，将各项设置恢复到原来的设置。

7．重新启动或关闭计算机

单击"开始"按钮，选择"关机"命令，可以直接将计算机关闭。单击该菜单项右侧的箭头按钮图标 ▷ ，则会出现相应的级联菜单，其中默认包含 5 个选项：

（1）切换用户。当存在两个或以上用户的时候可通过此按钮进行多用户的切换操作。

（2）注销。用来注销当前用户，以备下一个人使用或防止数据被其他人操作。

（3）锁定。锁定当前用户。锁定后需要重新输入密码认证才能正常使用。

（4）重新启动。当用户需要重新启动计算机时，应选择"重新启动"命令。系统将结束当前的所有会话，关闭 Windows，然后自动重新启动系统。

（5）睡眠。当用户短时间不用计算机又不希望别人以自己的身份使用计算机时，可选择此命令。系统将保持当前的状态并进入低耗电状态。

8．自定义 Windows 7 的"开始"菜单和任务栏

（1）自定义"开始"菜单。

可按以下步骤对"开始"菜单进行设置。

① 右击"开始"按钮，选择"属性"命令，打开"任务栏和「开始」菜单属性"对话框，如图1-5所示。

② 单击"自定义"按钮，打开"自定义「开始」菜单"对话框。

③ 选中"控制面板"中的"显示为菜单"单选按钮，如图 1-6 所示，依次单击"确定"按钮。返回桌面，打开"开始"菜单并观察其变化，特别是"开始"菜单中"控制面板"菜单项的变化。

④ 再次打开图 1-6 所示的对话框，选中该对话框中滚动条区域底部的"最近使用的项目"复选框。

⑤　依次单击"确定"按钮。返回桌面，打开"开始"菜单，会发现在"开始"菜单中新增了一个"最近使用的项目"命令。

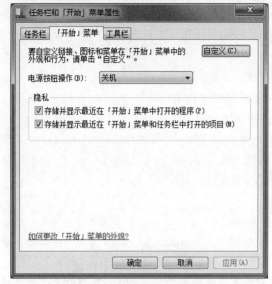

图 1-5　"「开始」菜单"选项卡

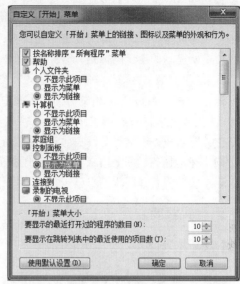

图 1-6　"自定义「开始」菜单"对话框

（2）自定义任务栏中的工具栏。

可按以下步骤对工具栏进行设置。

①　在任务栏空白处右击，弹出任务栏快捷菜单。

②　把鼠标指针移到快捷菜单中的"工具栏"命令，此时显示出工具栏级联菜单，如图 1-7 所示。

③　选中"工具栏"级联菜单中的"地址"命令后，观察任务栏的变化。

（3）自定义任务栏外观。

可按以下步骤对任务栏进行设置：

①　在任务栏空白处右击，选择"属性"命令，打开"任务栏和「开始」菜单属性"对话框的"任务栏"选项卡，如图 1-8 所示。

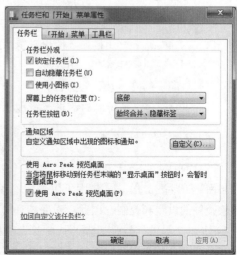

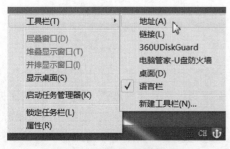

图 1-7　任务栏快捷菜单

图 1-8　"任务栏"选项卡

② 在"任务栏外观"区域中，有"锁定任务栏"、"自动隐藏任务栏"和"使用小图标"3个复选框，更改各个复选框的状态后，单击"确定"按钮返回到桌面观察任务栏的变化。

③ 通过"任务栏外观"区域下方的"屏幕上的任务栏位置"下拉列表框中的选项可以更改任务栏在桌面上的位置，如上、下、左、右；通过"任务栏按钮"下拉列表框中的选项可以设置任务栏上所显示的窗口图标是否合并以及何时合并等。

④ 通过"通知区域"中的"自定义"按钮可以显示或隐藏任务栏中通知区域中的图标和通知。通过"使用 Aero Peek 预览桌面"区域中的复选框可以选择是否使用 Aero Peek 预览桌面。

⑤ 更改任务栏大小：在任务栏空白处右击，在弹出的快捷菜单中清除"锁定任务栏"选项前的"√"。当任务栏位于窗口底部时，将鼠标指向任务栏的上边缘，当鼠标指针变为双向箭头"↕"时，向上拖动任务栏的上边缘即可改变任务栏的大小。

以上实验内容请同学们自己上机逐步操作、观察结果并加以体会。

五、实验要求

（1）将系统日期设为"2019 年 6 月 30 日"，系统时间设为 10:20:30，时区设为"吉隆坡，新加坡"。

（2）建立一个文件夹"我喜欢的音乐"，然后向此文件夹中添加几首音乐，再把此文件夹添加到"音乐"库中。

（3）把电源按钮操作设置为"关机"。

（4）把任务栏按钮设置为"当任务栏占满时合并"。

实验二　Windows 7 的高级操作

一、实验学时

2 学时。

二、实验目的

（1）掌握控制面板的使用方法。

（2）掌握 Windows 7 中外观和个性化设置的基本方法。

（3）掌握用户账户管理的基本方法。

（4）掌握打印机的安装及设置方法。

（5）掌握 Windows 7 系统的磁盘进行清理和碎片整理来优化和维护系统的方法。

三、相关知识

1. 控制面板

控制面板（Control Panel）集中了用来配置系统的全部应用程序，它允许用户查看并进行计算机系统软硬件的设置和控制，因此，对系统环境进行调整和设置时，一般都要通过"控制面板"进行。Windows 7 提供了类别视图和图标视图两种控制面板界面。其中，图标视图有两种显示方式：大图标和小图标。分类视图允许打开父项并对各个子项进行设置，如图 1-9 所示。

图 1-9　控制面板"分类视图"界面

2．账户管理

Windows 7 支持多用户管理，多个用户可以共享一台计算机，并且可以为每一个用户创建一个用户账户以及为每个用户配置独立的用户文件，从而使得每个用户登录计算机时，都可以进行个性化的环境设置。在控制面板中，单击"用户账户和家庭安全"，打开相应的窗口，可以实现用户账户、家长控制等管理功能。在"用户账户"中，可以更改当前账户的密码和图片、管理其他账户，也可以添加或删除用户账户。在"家长控制"中，可以为指定标准类型账户实施家长控制，主要包括时间控制、游戏控制和程序控制。在使用该功能时，必须为计算机管理员账户设置密码保护，否则一切设置将形同虚设。

3．磁盘管理

磁盘管理是一项计算机使用时的常规任务，它以一组磁盘管理应用程序的形式提供给用户，包括查错程序、磁盘碎片整理程序、磁盘清理程序等。在 Windows 7 中没有提供一个单独的应用程序来管理磁盘，而是将磁盘管理集成到"计算机管理"中。通过右击桌面的"计算机"图标，在弹出的快捷菜单中选择"管理"命令即可打开"计算机管理"窗口，选择"存储"中的"磁盘管理"，将打开"磁盘管理"功能。利用磁盘管理工具可以一目了然地列出所有磁盘情况，并对各个磁盘分区进行管理操作。

四、实验范例

按照以下实验步骤完成实验，观察设置效果后，将设置恢复到原来的设置。

1．设置个性化的 Windows 7 外观

（1）更改桌面背景。

用图片（图片任意）当作桌面的背景，并以拉伸方式显示。

在桌面空白处右击，选择"个性化"命令，打开"个性化"窗口，单击窗口下方的"桌面背景"图标，显示图 1-10 所示"桌面背景"窗口。直接在图片列表框中选取一张图片并在"图片位置"下拉列表框中选择"拉伸"选项后单击"保存修改"按钮即可。

图 1-10 　"桌面背景"窗口

如果要将多张图片设为桌面背景，在图 1-10 中要按住【Ctrl】键依次选取多个图片文件，在"图片位置"下拉列表框中选择"拉伸"，并在"更改图片时间间隔"下拉列表中选择更改间隔，如果希望多张图片无序播放，则选中"无序播放"复选框，单击"保存修改"按钮使设置生效，返回到桌面观察效果。

（2）更改窗口边框等的颜色。

更改窗口边框、"开始"菜单和任务栏的颜色为深红色，并启用透明效果

① 在"控制面板"中单击"外观和个性化"，打开"外观和个性化"窗口。

② 单击"个性化"中的"更改半透明窗口颜色"，在之后显示的颜色图标中单击"深红色"并选中"启用透明效果"复选框。

③ 单击"保存修改"按钮后观察窗口边框、"开始"菜单以及任务栏的变化。

（3）设置活动窗口标题栏的属性。

设置活动窗口标题栏的颜色为黑、白双色，字体为华文新魏，字号为 12，颜色为红色。

① 在"控制面板"中单击"外观和个性化"，打开"外观和个性化"窗口。

② 单击"个性化"中的"更改半透明窗口颜色"，在之后显示的窗口中单击"高级外观设置"，打开"窗口颜色和外观"对话框，如图 1-11 所示。

③ 在"项目"下拉列表框中选择"活动窗口标题栏"，"颜色 1"选择"黑色"，"颜色 2"选择"白色"。

④ 在"字体"下拉列表框中选择"华文新魏"，"大小"下拉列表框中选择 12。

⑤ 单击"确定"按钮后观察活动窗口的变化。

2. 设置显示鼠标的指针轨迹并设为最长

（1）在"控制面板"中单击"硬件和声音"，打开"硬件和声音"窗口。

（2）单击"设备和打印机"中的"鼠标"，打开"鼠标 属性"对话框，单击"指针选项"选项卡，在"可见性"区域中，选中"显示指针轨迹"复选框并拖动滑块至最右侧，如图 1-12 所示。

（3）单击"确定"按钮。

图 1-11　"窗口颜色和外观"对话框

图 1-12　"鼠标 属性"对话框

3. 添加新用户

添加新用户 user1，密码设置为 123456789（只有系统管理员才有用户账户管理的权限）。

（1）在"控制面板"中单击"用户账户和家庭安全"中的"添加或删除用户账户"，打开"管理账户"窗口。

（2）单击"创建一个新账户"，在之后显示的窗口中输入新账户的名称 user1，使用系统推荐的账户类型，即标准账户，如图 1-13 所示。

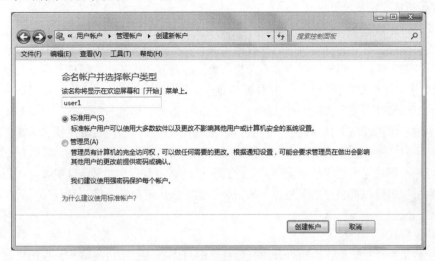

图 1-13　"创建新账户"窗口

（3）单击"创建账户"按钮后返回到"管理账户"窗口。

（4）单击账户列表中的新建账户 user1，在之后显示的窗口中单击"创建密码"，打开"创建密码"窗口，如图 1-14 所示。

图 1-14　"创建密码"窗口

（5）分别在"新密码"和"确认新密码"文本框中输入 123456789 后，单击"创建密码"按钮。

设置完成后，打开"开始"菜单，将鼠标指针移动到"关机"菜单项旁的箭头按钮上单击，选择弹出菜单中的"切换用户"命令，则显示系统登录界面，此时已可以看到新增加的账户 user1，单击选择该账户后输入密码就可以以新的用户身份登录系统。

在"管理账户"窗口选择一个账户后，还可以使用"更改账户名称"、"更改密码"、"更改图片"、"更改账户类型"和"删除账户"等功能对所选账户进行管理。

4．打印机的安装及设置

（1）安装打印机。

要安装打印机，首先将打印机的数据线连接到计算机的相应端口上，接通电源打开打印机，然后打开"开始"菜单，选择"设备和打印机"命令，打开"设备和打印机"窗口。也可以通过"控制面板"中"硬件和声音"中的"查看设备和打印机"进入。在"设备和打印机"窗口中单击工具栏中的"添加打印机"按钮，打开图 1-15 所示"添加打印机"对话框。选择要安装的打印机类型（本地打印机或网络打印机），在此选择"添加本地打印机"，之后要依次选择打印机使用的端口、打印机厂商和打印机类型，确定打印机名称并安装打印机驱动程序，最后根据需要选择是否共享打印机即可完成打印机的安装。安装完毕后，"设备和打印机"窗口中会出现相应的打印机图标。也可使用打印机相应的安装程序来安装，此方法比较简单。启动安装程序后，根据提示进行"确定"或"下一步"操作即可。

（2）设置默认打印机。

如果安装了多台打印机，在执行具体打印任务时可以选择打印机或将某台打印机设置为默认打印机。要设置默认打印机，可先打开"设备和打印机"窗口，在某个打印机图标上右击，选择"设置为默认打印机"命令即可。默认打印机的图标左下角有一个"√"标识。

（3）取消文档打印。

在打印过程中，用户可以取消正在打印或打印队列中的打印作业。双击任务栏中的打印机图标，打开打印队列，右击要停止打印的文档，选择"取消"命令。若要取消所有文档的打印，可选择"打印机"→"取消所有文档"命令。

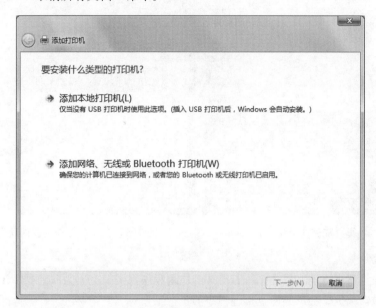

图 1-15　"添加打印机"对话框

5. 使用系统工具维护系统

在计算机的日常使用中，逐渐会在磁盘上产生文件碎片和临时文件，致使运行程序、打开文件变慢，因此可以定期使用"磁盘清理"删除临时文件，释放硬盘空间；使用"磁盘碎片整理程序"整理文件存储位置，合并可用空间，提高系统性能。

（1）磁盘清理。

① 选择"开始"→"所有程序"→"附件"→"系统工具"→"磁盘清理"命令，打开"磁盘清理：驱动器选择"对话框。

② 选择要进行清理的驱动器，在此使用默认选择"（ C: ）"。

③ 单击"确定"按钮，会显示一个带进度条的计算 C:盘上释放空间进度的对话框，如图 1-16 所示。

④ 计算完毕会打开"（ C: ）的磁盘清理"对话框，如图 1-17 所示，其中显示系统建议删除的文件及其所占用磁盘空间。

⑤ 在"要删除的文件"列表框中选中要删除的文件，单击"确定"按钮，在之后打开的"磁盘清理"确认删除对话框中单击"删除文件"按钮，打开"磁盘清理"对话框，清理完毕，该对话框自动消失。

依次对 C:、D:、E:各磁盘进行清理，注意观察并记录清理磁盘时获得的空间总数。

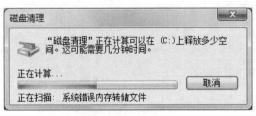

图 1-16　计算释放空间进度对话框　　　　图 1-17　"（C:）的磁盘清理"对话框

（2）磁盘碎片整理程序。

进行磁盘碎片整理之前，应先把所有打开的应用程序都关闭，因为一些程序在运行过程中可能要反复读取磁盘数据，会影响磁盘整理程序的正常工作。

① 选择"开始"→"所有程序"→"附件"→"系统工具"→"磁盘碎片整理程序"命令，打开"磁盘碎片整理程序"对话框。

② 选择磁盘驱动器后单击"分析磁盘"按钮，进行磁盘分析。

③ 分析完后，可以根据分析结果选择是否进行磁盘碎片整理。如果在"上一次运行时间"列中显示检查磁盘碎片的百分比超过了 10%，则应该进行磁盘碎片整理，只需单击"磁盘碎片整理"按钮即可。

6. 打开和关闭 Windows 功能

Windows 7 附带的某些程序和功能（如 Internet 信息服务），必须在使用之前将其打开，不再使用时则可以将其关闭。在 Windows 的早期版本中，若要关闭某个功能，必须从计算机上将其完全卸载。在 Windows 7 中，关闭某个功能不会将其卸载，仍会保留存储在硬盘上，以便需要时可以直接将其打开。

（1）选择"开始"→"控制面板"命令，打开"控制面板"窗口。

（2）选择"程序"，在之后打开的窗口中单击"程序和功能"中的"打开或关闭 Windows 功能"，打开图 1-18 所示"Windows 功能"对话框。

（3）若要打开某个 Windows 功能，则选中该功能对应的复选框；若要关闭某个 Windows 功能，则清除其所对应的复选框。

（4）单击"确定"按钮。

图 1-18　"Windows 功能"对话框

五、实验要求

（1）对 Windows 系统的外观及个性化进行设置，要求如下：

① 更换桌面背景为某一个图片，并把"图片位置"设置为"拉伸"。

② 更改屏幕保护程序为"彩带"，等待时间为 3 分钟。

③ 调整屏幕的分辨率，并观察其效果。

（2）创建一个"任务计划"：每天早上 8:00 自动启动系统自带的计算器程序。

（3）利用"附件"中的"画图"软件，绘制一张包含蓝天、白云、绿草、红旗的图片，并保存为"环境.jpg"。

（4）添加一个输入法，并指定相应的"更改按键顺序"。

（5）创新一个 Windows 用户，用户名为 exam，密码为 a1b2c3，然后用此用户登录系统。

第 ② 章　文字处理软件 Word 2010

文字处理软件 Word 2010 是 Microsoft 公司开发的 Office 2010 办公组件之一，主要用于 Word 文档的编辑与处理，利用 Word 2010 不仅可以轻松高效地编辑文档，而且可以与他人协同工作，并可在任何地点访问自己的文件。本章将通过 5 个实验来帮助大家掌握 Word 2010 的基本操作及应用技术，内容包括 Word 2010 的基本排版、表格制作、图文混排、样式、目录及邮件合并。

实验一　Word 2010 的基本应用

一、实验学时

2 学时。

二、实验目的

（1）熟练掌握 Word 2010 的启动与退出方法，认识 Word 2010 主窗口的屏幕对象。

（2）熟练掌握操作 Word 2010 功能区、选项卡、组和对话框的方法。

（3）熟练掌握利用 Word 2010 建立、保存、关闭和打开文档的方法。

（4）熟练掌握输入文本的方法以及文本的基本编辑方法，如文本的输入、删除、移动、复制、查找、替换、撤销与恢复等。

（5）掌握文档不同视图显示方式的作用及切换方式。

（6）熟练掌握设置字符格式以及段落格式的方法。

（7）熟练掌握首字下沉、边框和底纹、项目符号和编号等特殊格式的设置方法。

（8）掌握格式刷的使用方法。

（9）熟练掌握分栏排版的设置方法。

三、相关知识

1. Word 2010 简介

Word 2010 是 Microsoft Office 办公系列软件之一，是目前办公自动化中流行的、功能强大的综合排版工具软件。Word 2010 的用户界面仍然采用 Ribbon 界面风格，集编辑、排版和打印等功能为一体，并能同时处理文本、图片和表格等，能够满足各种公文、书信、报告、图表、报表以及其他文档打印的需要。

Word 2010 的工作窗口主要包括标题栏、快速访问工具栏、"文件"按钮、功能区、标尺栏、文档编辑区和状态栏，用户主要通过功能区中不同选项卡中的命令来完成相关的编辑和排版操作等。功能区相当于早期版本中的菜单栏和工具栏，是使用 Word 2010 进行编辑和排版的主要功能区域。

2．基本操作

文档编辑是 Word 2010 的基本功能，主要完成建立文档、录入文本、保存文档、选择文本、插入文本、删除文本以及移动、复制文本等基本操作，并提供了查找和替换功能、撤销和重复功能。新建文档时，可以使用空白文档，也可以利用 Word 2010 提供的模板来创建新文档。文档被保存时，会生成以.docx 为默认扩展名的文件，用户也可以根据需要更改文件的保存类型。

3．基本设置

文档编辑完成之后，就要对整篇文档进行排版以使文档具有美观的视觉效果，主要包括字符格式设置和段落格式设置。字符格式设置包括字体、字形与字号，以及字体颜色、下画线和删除线等设置；段落格式设置包括字间距、行间距、段落对齐方式、段落缩进和段落间距等设置。

4．特殊格式设置

可以根据需要对 Word 文档进行特殊格式设置，包括边框与底纹设置、项目符号与编号设置以及分栏设置等，还包括首字下沉、给中文加拼音等。

5．格式刷

使用格式刷可以快速地将某文本的格式设置应用到其他文本上，大大减少了排版的重复工作。格式刷的使用方法非常简单，只需选中要复制样式的文本，再单击功能区中的"格式刷"按钮，然后将鼠标指针移动到文本编辑区后用格式刷扫过需要应用样式的文本即可。

单击"格式刷"按钮，使用一次后格式刷功能就自动关闭了。如果需要将某文本的格式连续应用多次，则需双击"格式刷"按钮，之后直接用格式刷扫过不同的文本即可。要结束使用格式刷功能，再次单击"格式刷"按钮或按【Esc】键均可。

6．拼写和语法检查

通过 Word 2010 的拼写和语法检查能大大减少文本输入的错误率，提高录入的准确性。为了能够在输入文本时 Word 自动进行拼写和语法检查，可以先单击"文件"按钮，在打开的"文件"面板中选择"选项"命令，将会打开"Word 选项"对话框，单击左侧列表中的"校对"项，之后选中对话框右侧"在 Word 中更正拼写和语法时"区域中的"键入时检查拼写"和"随拼写检查语法"复选框，单击"确定"按钮。

这样，Word 将自动进行拼写和语法检查。当 Word 检查到有错误的单词或中文时，会用红色波浪线标出拼写的错误，用绿色波浪线标出语法的错误。

四、实验范例

1．启动 Word 2010

（1）选择"开始"→"所有程序"→Microsoft Office→Microsoft Word 2010 命令。

（2）如果在桌面上已经创建了启动 Word 2010 的快捷方式，则双击快捷方式图标。

（3）双击任意一个 Word 文档，就会启动 Word 2010 并且打开相应的文件。

2．认识 Word 2010 的窗口构成

Word 2010 的窗口主要包括标题栏、快速访问工具栏、"文件"按钮、功能区、标尺栏、文档

编辑区和状态栏。

3．熟悉 Word 2010 功能区

默认安装后，功能区有"开始""插入""页面布局""引用""邮件""审阅""视图"7 个选项卡。在激活某功能后，还会自动添加这个功能的选项卡。例如，当在文档中插入图片后，可以在功能区看到"图片工具–格式"选项卡。如果用户选择其他对象，如剪贴画、表格或图表等，将显示相应的选项卡。

用户可以通过单击"文件"按钮面板中的"选项"，在随后打开的"Word 选项"对话框中单击"自定义功能区"按钮，然后对功能区进行自定义设置。

4．文件的建立与文本的编辑

启动 Word 2010 进入工作窗口之后，即会创建一个默认文件名为"文档 1"的新文档。如果需要使用 Word 2010 提供的模板来建立新文档，则可以单击"文件"按钮，在打开的"文件"面板中选择"新建"命令，在右侧的面板中列出了可用的模板选项以及 Office.com 网站所提供的模板选项，根据需要选择合适的选项即可。

在本实验中不需要使用模板来创建文档，只需创建一个空白文档，打开 Word 2010 后即可直接输入实验范例文字，此时使用默认的字符格式和段落格式进行输入，输入完毕后为其选择保存路径，并命名为"Word 基本排版.docx"。

实例范例文字如图 2–1 所示。

> **操作系统**
>
> 操作系统是管理软硬件资源、控制程序执行、改善人机界面、合理组织计算机工作流程和为用户使用计算机提供良好运行环境的一种系统软件。计算机系统不能缺少操作系统，正如人不能没有大脑一样，而且操作系统的性能在很大程度上直接决定了整个计算机系统的性能。
>
> 操作系统直接运行在裸机上，是对计算机硬件系统的第一次扩充。在操作系统的支持下，计算机才能运行其他的软件。从用户的角度看，操作系统加上计算机硬件系统形成一台虚拟机（通常广义上的计算机），它为用户构成了一个方便、有效、友好的使用环境。因此可以说，操作系统不但是计算机硬件与其他软件的接口，而且也是用户和计算机的接口。
>
> 操作系统作为计算机系统的管理者，它的主要功能是对系统所有的软硬件资源进行合理而有效的管理和调度，提高计算机系统的整体性能。一般而言，引入操作系统有两个目的：
>
> 第一，从用户角度来看，操作系统将裸机改造成一台功能更强、服务质量更高、用户使用起来更加灵活方便、更加安全可靠的虚拟机，使用户无须了解更多有关硬件和软件的细节就能使用计算机，从而提高用户的工作效率；
>
> 第二，为了合理地使用系统包含的各种软硬件资源，提高整个系统的使用效率。具体地说，操作系统具有处理器管理、存储管理、设备管理、文件管理和作业管理等功能。

图 2-1   实例范例文字

5．文档排版

为刚建立的文件"Word 基本排版.docx"进行字体及段落格式设置，具体设置要求如下：

（1）标题设置成黑体、加粗、二号、居中对齐。

（2）第一段正文设置成华文细黑、小四、左对齐，首行缩进 2 字符，段前和段后间距均设置为 1 行。

（3）第二段正文设置成黑体、小四、右对齐，加蓝色波浪线，首行缩进 2 字符，行距设为 1.5 倍行距。

（4）第三段正文设置成华文楷体、小四、居中对齐，左、右缩进均设置为 2 字符，1.5 倍行距，段前、段后间距均设置为 0.5 行。

（5）第四段正文设置成黑体、红色、加粗、小四、两端对齐，首行缩进 2 字符，段前、段后

间距均设置为 0.5 行。

（6）第五段正文设置成楷体、倾斜、小四、分散对齐，左、右缩进均设置为 2 字符，行距设置为固定值 15 磅。

6. 撤销与恢复

在 Word 2010 的快速访问工具栏中有"撤销"和"重复"按钮，利用"撤销"按钮可以撤销前一步或前几步的操作，而"重复"按钮则可以将上一步被撤销的操作重复执行。当对文档的操作有误时，可以通过"撤销"按钮将文档恢复到未执行前的状态。如果要一次撤销多步操作，则可以单击"撤销"按钮旁的下拉按钮，在弹出的下拉列表中选择要撤销的操作命令。请大家在上机过程中实际操作加以体会。

7. 查找和替换

（1）文字查找操作。

在编辑 Word 文档的过程中，有时可能需要更改文档中一些相同的字符，这时就可以利用查找功能先将文档中所有指定的文字搜索出来。在此，以查找文件"Word 基本排版.docx"中所有的"操作系统"文字为例，具体实现步骤如下：

① 将光标定位到文档首部。

② 单击"开始"选项卡"编辑"组中的"查找"按钮。

③ 在文档左侧会出现"导航"窗格，在"导航"窗格的文本框中输入需要查找的文字"操作系统"。

④ 输入文字后，在文本框下面会出现所查找的文字在文档中有多少个匹配项并以列表的形式显示出来，所查找的文字也会在正文部分全部以黄色底纹标识出来。

⑤ 完成查找操作后关闭"导航"窗格即可。

利用高级查找功能可以根据用户的选择逐条定位到和查找内容相匹配的文字处，具体实现步骤如下：

① 将光标定位到文档首部。

② 单击"开始"选项卡"编辑"组中"查找"下拉列表中的"高级查找"选项，打开"查找和替换"对话框。

③ 在对话框的"查找内容"文本框内输入"操作系统"。

④ 单击"查找下一处"按钮，将定位到文档中与该查找关键字相匹配的文字的位置处，并且匹配文字以蓝底黑字显示，表明在文档中找到一个和查找内容匹配的文字。

⑤ 继续单击"查找下一处"按钮，则相继定位到文档中的其余匹配项，直至出现一个提示已完成文档搜索的对话框，就表明文档中所有和查找内容"操作系统"相匹配的项都找出来了，关闭该对话框。

⑥ 单击"取消"按钮关闭"查找和替换"对话框，返回到 Word 窗口。

（2）文字替换操作。

如果要将文档中的某些文字全部替换为其他的文字，则可以使用 Word 2010 的替换功能。在此，将文件"Word 基本排版.docx"中的"操作系统"全部替换为"操作系统（Operating System）"，具体实现步骤如下：

① 将光标定位到文档首部。

② 单击"开始"选项卡"编辑"组中的"替换"按钮，打开"查找和替换"对话框，此时

显示的是"替换"选项卡中的内容。

③ 在"查找内容"文本框中输入"操作系统",在"替换为"文本框中输入"操作系统(Operating System)"。

④ 可以单击"查找下一处"按钮先查找所要替换的内容,也可以直接单击"全部替换"按钮进行全部替换。在此,单击"全部替换"按钮,屏幕上出现一个对话框,报告已完成所有替换。

⑤ 单击对话框中的"确定"按钮关闭该对话框并返回"查找和替换"对话框。

⑥ 单击"关闭"按钮关闭"查找和替换"对话框,返回到 Word 窗口,这时文档中所有的"操作系统"都被替换成了"操作系统(Operating System)"。

（3）格式查找和替换操作。

Word 2010 中的查找和替换不仅可以查找和替换字符,而且可以查找和替换字符格式,如字体、字号、字体颜色等。

要将文档"Word 基本排版.docx"中的所有红色文字替换为蓝色,具体实现步骤如下:

① 和文字替换的操作一样,打开"查找和替换"对话框。

② 单击"查找内容"文本框,但不输入任何内容,再单击对话框中的"更多"按钮展开对话框,选择"格式"下拉列表中的"字体"选项,在打开的"查找字体"对话框中选择字体颜色为红色,设置完成后关闭该对话框。

③ 单击"替换为"文本框,同样不输入任何内容,选择"格式"下拉列表中的"字体"选项,在打开的"查找字体"对话框中选择字体颜色为蓝色,设置完成后关闭该对话框。

④ 单击"全部替换"按钮,屏幕上出现一个对话框,报告已完成所有替换。

⑤ 关闭所有对话框返回到 Word 窗口,这时,文档中的红色文字就被替换为蓝色了。

8. 视图显示方式

视图显示方式决定了文档的显示效果,Word 2010 提供了 5 种视图显示方式。通过单击"视图"选项卡中"文档视图"组中的各种视图按钮,可以进行各种视图显示方式的切换。请实际操作并认真观察显示效果。

9. 关闭 Word 2010

关闭 Word 2010 有多种方法,请实际操作并体会。

至此,本实验就做完了,请认真总结实验过程和所取得的收获。

五、实验要求

任务一

将图 2-2 所示的文字按照下方的操作要求进行排版。

操作要求:

（1）在 D 盘建立一个以自己名字命名的文件夹,存放自己的 Word 文档作业,该作业以"作业 1"命名。

（2）将标题字体格式设置成黑体、二号、加粗,居中并将标题设置为带圈字符,段前、段后间距设置为一行。

（3）将正文设置为宋体、四号,行距设置为 1.5 倍,每段的首行有 2 字符的缩进。

（4）为文档添加页面边框并设置文字的其他修饰,效果如图 2-3 所示。

（5）利用替换功能将正文中所有的"剪纸"添加上着重号。

民间艺术——剪纸

剪纸，又叫刻纸，是中国汉族最古老的民间艺术之一，剪纸是一种镂空艺术，其在视觉上给人以透空的感觉和艺术享受。剪纸艺术是汉族传统的民间工艺，它源远流长，经久不衰，是中国民间艺术中的瑰宝，已成为世界艺术宝库中的一种珍藏。

剪纸起源于古人祭祖祈神的活动，根植于博大精深的中国传统文化之中。两千年的发展史，使它浓缩了汉文化的传统理念，在其沿革中，与彩陶艺术、岩画艺术等艺术相互交织在一起，递延着古老民族的人文精神与思想脉搏。

民间剪纸的创作是通过夸张的手法经过现实生活的“真”，向艺术的“美”演化、深化的过程，是创作者的思想感情，审美心理和对美的追求、体现的过程。处于长期对生活的观察和领悟，再经过长期的实践，创作者深谙剪纸的规律，将平衡、参差、疏密以及不规则的线条自由组合，构成美妙的动律和节奏，增添了情趣，丰富了形象的感染力。

民间剪纸善于把多种物象组合在一起，并产生出理想中的美好结果。无论用一个或多个形象组合，皆是“以象寓意”“以意构象”来造型，而不是根据客观的自然形态来造型，追求吉祥的喻意成为意象组合的最终目的之一。

图 2-2　任务一文字

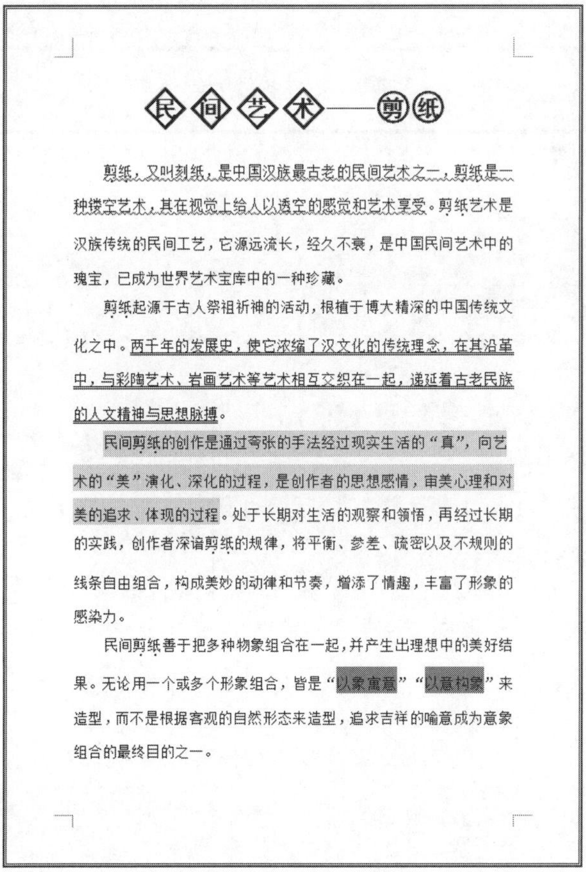
民间艺术——剪纸

剪纸，又叫刻纸，是中国汉族最古老的民间艺术之一，剪纸是一种镂空艺术，其在视觉上给人以透空的感觉和艺术享受。剪纸艺术是汉族传统的民间工艺，它源远流长，经久不衰，是中国民间艺术中的瑰宝，已成为世界艺术宝库中的一种珍藏。

剪纸起源于古人祭祖祈神的活动，根植于博大精深的中国传统文化之中。两千年的发展史，使它浓缩了汉文化的传统理念，在其沿革中，与彩陶艺术、岩画艺术等艺术相互交织在一起，递延着古老民族的人文精神与思想脉搏。

民间剪纸的创作是通过夸张的手法经过现实生活的“真”，向艺术的“美”演化、深化的过程，是创作者的思想感情，审美心理和对美的追求、体现的过程。处于长期对生活的观察和领悟，再经过长期的实践，创作者深谙剪纸的规律，将平衡、参差、疏密以及不规则的线条自由组合，构成美妙的动律和节奏，增添了情趣，丰富了形象的感染力。

民间剪纸善于把多种物象组合在一起，并产生出理想中的美好结果。无论用一个或多个形象组合，皆是“以象寓意”“以意构象”来造型，而不是根据客观的自然形态来造型，追求吉祥的喻意成为意象组合的最终目的之一。

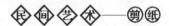

图 2-3　任务一样本图片

任务二

将图 2-4 所示的文字按照下面的操作要求进行排版。

操作要求：

（1）将该文档保存在 D 盘自己建立的文件夹中，以“作业 2”命名该文档。

（2）将标题字体格式设置成华文细黑、二号、加粗，居中并给标题加着重号，段前、段后间距设置为 0.5 行。

（3）所有正文使用华文楷体、小四号字体，所有段落均设置首行缩进 2 字符，左右缩进各 1 字符，1.5 倍行间距。

（4）按照图 2-5 所示为文字设置突出显示、底纹和边框、带圈字符、着重号等。

粽子

粽子又称"角黍""筒粽"，是端午节汉族的传统节日食品，由粽叶包裹糯米蒸制而成。端午节吃粽子，这是中国人民的一传统习俗，并且伴随着很多的民俗活动，其由来已久。传说是为祭投江的屈原而诞生的，那一天便互相送粽子作为纪念。因各地习俗的不同，人们给粽子的含义也有所不同，在南方与北方就有着较大的差别。

江南的粽子名声最盛，做法也复杂，尤其是馅，变化多样。和北方粽子的一个重大差异是，江南粽子的糯米原料，多预先用稻草灰汤浸渍，与肉馅相蒸，香味扑鼻。北方的粽子，多是糯米所做，蘸白糖或红糖食用。北京粽子是北方粽子的代表品种，个头较大，为斜四角形或三角形。

端午节小孩佩香囊，传说有避邪驱瘟之意，实际是用于襟头点缀装饰。香囊内有朱砂、雄黄、香药，外包以丝布，清香四溢，再以五色丝线弦扣成索，作各种不同形状，结成一串。

粽子是中国历史上文化积淀最深厚的传统食品，具有厚重的历史感，深受人们的喜爱。

图 2-4 任务二文字

图 2-5 任务二样本图片

（5）将第二段正文进行分栏设置，分为三栏。

（6）在所给文字的下方输入几种自己最喜欢吃的粽子，设为黑体、四号，行间距设为固定值 20 磅，并添加项目符号。

（7）为整篇文档添加一种艺术型页面边框。

实验二　表格制作

一、实验学时

2 学时。

二、实验目的

（1）掌握 Word 2010 创建表格和编辑表格的基本方法。

（2）掌握 Word 2010 表格样式的设置。

（3）掌握 Word 2010 表格美化的方法。

（4）掌握 Word 2010 表格数据处理的方法。

三、相关知识

表格具有信息量大、结构严谨、效果直观等优点，而表格的使用可以简洁有效地将一组相关数据放在同一个正文中，因此，有必要掌握表格的制作方法。

表格是用于组织数据的工具之一，以行和列的形式简明扼要地表达信息，便于读者阅读。在 Word 2010 中，不仅可以非常方便、快捷地创建一个新表格，而且可以对表格进行编辑、修饰，如增加或删除一行（列）或多行（列）、拆分或合并单元格、调整行高和列宽、设置表格边框、底纹等，以增加其视觉上的美观程度，而且还能对表格中的数据进行排序以及简单计算等。

Word 2010 表格制作的功能包括以下几方面。

（1）创建表格的方法。

① 插入表格：在文档中创建规则的表格。

② 绘制表格：在文档中创建复杂的不规则表格。

③ 快速制表：在文档中快速创建具有一定样式的表格。

（2）编辑与调整表格。

① 输入文本：在内容输入的过程中，可以同时修改录入内容的字体、字号、颜色等，这与文档的字符格式设置方法相同，都需要先选中内容再设置。

② 调整行高与列宽。

③ 单元格的合并、拆分与删除等。

④ 插入行或列。

⑤ 删除行或列。

⑥ 更改单元格对齐方式：单元格中文字的对齐方式一共有 9 种，默认的对齐方式是靠上左对齐。

⑦ 绘制斜线表头。

（3）美化表格。

① 修改表格的框线颜色及线型。

② 为表格添加底纹。

（4）表格数据的处理。

① 表格转换为文本。

② 对表格中的数据进行计算。

③ 对表格中的数据进行排序。

（5）自动套用表格样式。

四、实验范例

1. 建立表格

通过"插入表格"对话框的方式新建一张差旅费用表，按图 2-6 所示设置表格的行、列数（5 行 5 列），并输入文字，之后将单元格中文字设置为华文细黑、五号、居中显示，完成后以文件名"差旅费用表.docx"保存。

	交通费	伙食费	电话费	住宿费
王丽	380	120	60	180
孟婷	460	150	80	220
李强	360	140	70	200
张永	420	160	80	220

图 2-6　差旅费用表

2. 编辑表格

表格创建完成后，按以下步骤对表格操作。

（1）在最后一行之后插入一行。将光标定位到最后一行上，再单击"布局"选项卡"行和列"组中的"在下方插入"按钮，之后在行首单元格中输入"项目费用汇总"。

（2）在最后一列的右边插入一列。将光标定位到最后一列上，单击"布局"选项卡"行和列"组中的"在右侧插入"按钮，之后在列首单元格中输入"人员费用汇总"。

（3）删除表格中的第 4 行。将光标定位到第 4 行上，再单击"布局"选项卡"行和列"组中的"删除"按钮，在弹出的下拉列表中选择"删除行"选项即可。

（4）调整表格的行高或列宽。行高和列宽的调整方法相似，在此以调整第一行的行高为例。将鼠标指针移到第一行的下边框线上，鼠标会变成垂直分离的双向箭头，按下鼠标左键不放直接拖动即可调整本行的高度。列的操作与此类似，请试着操作并观察结果。

（5）绘制斜线表头。将光标定位在表格首行的第一个单元格当中，单击功能区的"设计"选项卡，在"表格样式"组的"边框"按钮下拉列表中选择"斜下框线"选项即可在单元格中出现一条斜线，之后分别输入"费用名称"和"姓名"，并分别调整为右对齐和左对齐对齐方式即可。

（6）调整表格在页面中的位置，使之居中显示。将光标移动到表格的任一单元格中，单击"布局"选项卡中"表"组中的"属性"命令，打开"表格属性"对话框，在"对齐方式"中选择"居中"，单击"确定"按钮即可。

　　插入表格的方法只能创建规则的表格，对于一些复杂的不规则表格，则可以通过绘制表格的方法来实现。请大家自己设计并绘制复杂的不规则表格，也可以通过快速制表功能来快速地创建指定样式的表格。请尝试创建不同的表格，并练习表格工具"设计"选项卡"绘图边框"组中相关命令选项的使用。

3．表格的修饰美化

（1）修改单元格中文字的对齐方式。

　　如果要将表格第 1 列文字设置为居中左对齐（不包括表头），先要选中表格第 1 列中除表头以外的所有单元格，单击功能区的"布局"选项卡，选择"对齐方式"组中的"中部两端对齐"按钮即可。请自己将表格后几列文字设置为中部右对齐。

（2）修改表格边框。

　　如果要修改表格中的所有边框，单击表格中任意位置，如要修改指定单元格的边框，则需选中这些单元格。在默认情况下，所有的表格边框都为 1/2 磅的黑色单实线。

　　本示例修改表格中的所有边框，单击表格中任意位置均可，之后切换到"设计"选项卡，单击"表格样式"组中的"边框"按钮下拉列表中的"边框和底纹"选项。在打开的"边框和底纹"对话框中，分别为表格外边框和内边框设置不同的线型和颜色等，并根据需要在右侧"预览"区中选择上、下、左、右等图示按钮以将该种设置应用于内边框或外边框，设置完成后确认"应用于"下的范围选择为"表格"选项，单击"确定"按钮，完成表格边框的修改。

（3）对表格第 1 列和第 1 行添加底纹。

　　选中表格的第 1 列并切换到"设计"选项卡，单击"表格样式"组中的"底纹"按钮，在弹出的下拉列表中选择所需颜色即可。对第 1 行添加底纹的方法与上相似，只需选中表格的第 1 行即可。经过边框和底纹设置的表格如图 2-7 所示。

费用名称 姓名	交通费	伙食费	电话费	住宿费	人员费用汇总
王丽	380	120	60	180	
孟婷	460	150	80	220	
张永	420	160	80	220	
项目费用汇总					

图 2-7　设置后的差旅费用表

（4）自动套用表格样式。

　　如果想使用 Word 2010 内置的一些表格样式，则可以在设计表格之后直接套用 Word 2010 中已有的样式，而不用以上的操作步骤来修改表格的边框和底纹。

　　单击表格中的任一单元格后，将鼠标指针移至"设计"选项卡中"表格样式"组内，鼠标指针停留在哪个样式上，其效果就自动应用在表中，如果效果满意，单击即可完成自动套用格式。

4．表格转换

　　将表格转换成文字的方法非常简单。在此将差旅费用表中的内容全部转换成文字，步骤如下：

　　（1）选中整个表格，单击"布局"选项卡"数据"组中的"转换为文本"按钮，打开"表格转换成文本"对话框。

（2）在对话框内选择文本的分隔符为"制表符"，单击"确定"按钮。

这样就将差旅费用表中的内容全部转换成文字显示了，请注意观察结果。

用类似的操作可将转换出来的文本恢复成表格形式。选中需要转换成表格的文本后，单击"插入"选项卡"表格"组中的"表格"按钮，在弹出的下拉列表中选择"文本转换成表格"选项，在之后打开的对话框中选择"文字分隔位置"为"制表符"即可。请大家试一试，注意观察经过转换的表格与原表格的差异。

5.表格中数据的计算与排序

在 Word 中，可以对表格中的数据进行计算与排序。在此，先利用公式对表格中新增的行"项目费用汇总"和列"人员费用汇总"中的单元格进行计算。对这些单元格的计算方法都是类似的，具体步骤如下：

（1）将光标定位到要插入公式的单元格中，然后单击功能区的"布局"选项卡中"数据"组中的"公式"按钮。

（2）在打开的"公式"对话框的"公式"文本框中分别输入公式"= SUM(LEFT)"（计算"人员费用汇总"时）或"= SUM(ABOVE)"（计算"项目费用汇总"时）。

（3）设置完成后单击"确定"按钮关闭对话框。

完成对表格中数据的汇总后，就可以对表格进行排序了。首先选择除最后一行的所有行，再单击功能区"布局"选项卡中"数据"组中的"排序"按钮，打开"排序"对话框，在该对话框中设置"有标题行"，排序的"主要关键字"为"人员费用汇总"，类型为"数字"，排序顺序为"升序"即可。观察排序完成后的结果，可以分别尝试使用不同的排序关键字进行排序。

至此，本实验就做完了，请正常关闭软件，并认真总结实验过程和所取得的收获。

五、实验要求

任务一

制作课程表。

操作要求：

设计图 2-8 所示的课程表。

课程表

节次＼星期	星期一	星期二	星期三	星期四	星期五
第一大节					
课间休息					
第二大节					
中午休息					
第三大节					
课间休息					
第四大节					
晚自习					

图 2-8　课程表

表格中的内容依照实际情况进行填充，然后进行如下设置。

（1）表中文字设为楷体、五号、加粗，对齐方式设为"水平居中"。

（2）表格外边框使用的是上粗下细的双实线线型、1.5 磅、蓝色，内边框使用的是单实线线型、1.0 磅、蓝色。

（3）表格中添加的底纹是"蓝色，强调文字颜色 1，淡色 60%"。

任务二

制作个人简历。

操作要求：

制作一个个人简历，如图 2-9 所示。

姓 名		性 别		出生年月		籍 贯		贴照片处
民 族		职 称		婚姻状况		政治面貌		
工作单位								
最高学历			所学专业					
毕业学校				身份证号				
培训经历	何时至何时		培训机构名称		培训内容		培训成果	
工作经历	何时至何时		在何单位工作			任 何 职 务		
家庭成员及主要社会关系								
姓 名	性 别	年 龄	与本人关系		工作单位		电 话	
联系方式	邮编			地址				
	电话			邮箱				

图 2-9 个人简历

个人简历中的内容自己输入，然后进行如下设置。

（1）表中文字设为宋体、五号，对齐方式设为"水平居中"。

（2）设置表格行高为 0.8 cm。

任务三

制作费用支出表。

操作要求：

制作费用支出表，如图 2-10 所示。费用支出表中的数据自己输入，然后进行如下设置。

（1）费用支出表中文字设为黑体、五号，对齐方式设为"水平居中"。

（2）为费用支出表设置斜线表头，并输入表头文字。

（3）计算"年度单项汇总"和"单月汇总"。

项目 月份	项 目 明 细							单月汇总
	人工费	交通费	餐饮费	住宿费	通信费	水电费	杂费	
1 月份								
2 月份								
3 月份								
4 月份								
5 月份								
6 月份								
7 月份								
8 月份								
9 月份								
10 月份								
11 月份								
12 月份								
年度单项汇总								

图 2-10　费用支出表

实验三　图 文 混 排

一、实验学时

2 学时。

二、实验目的

（1）熟练掌握图片、剪贴画插入、编辑及格式设置的方法。

（2）熟练掌握 SmartArt 图形插入、编辑及格式设置的方法。

（3）掌握绘制和设置自选图形的基本方法。

（4）熟练掌握插入和设置文本框、艺术字的方法。

（5）熟练掌握设置页眉和页脚的方法。

（6）熟练掌握文档格式及页面背景的设置方法。

（7）熟练掌握分页符、分节符的插入与删除的方法。

（8）掌握文档打印的相关设置。

三、相关知识

在 Word 2010 中，通过编辑和排版仅仅是完成了文档的基本排版设置，要想使文档具有很好的视觉效果，还需要对其进行页面设置，包括页眉和页脚、纸张大小和方向、页边距、页码、封面等，还可以在文档中适当的位置放置一些图片以增加文档的美观程度。

学习了 Word 2010 后，应该掌握图文混排的相关方法。图文混排最常见的应用是在杂志和报刊中，合理地对文档中的图片进行布局，能够为文档增色不少，一篇图文并茂的文档显然比单纯文字的文档更具有吸引力。

1．版面设计

版面设计是文档格式化的一种不可缺少的工具，使用它可以对文档进行整体修饰。版面设计的效果要在页面视图方式下才可见。

在对长文档进行版面设计时，可以根据需要在文档中插入分页符或分节符。当要为文档不同的部分设置不同的版面格式（如不同的页眉和页脚、不同的页码设置等）时，就要通过插入分节符将文档内容分为不同的节，然后再设置各部分内容的版面格式。

2．页眉和页脚

页眉和页脚是指位于正文每一页的页面顶部或底部一些描述性的文字。页眉和页脚的内容可以是书名、文档标题、日期、文件名、图片、页码等。在页眉和页脚的设置过程中，页眉和页脚的内容会突出显示，而正文中的内容则变为灰色，同时在功能区中会出现用于编辑页眉和页脚的"设计"选项卡。

3．插入图形、艺术字等

在 Word 2010 文档中插入图片、剪贴画、艺术字、自选图形等能够起到丰富版面、增强阅读效果的作用，还可以用功能区的相关工具对它们进行更改和编辑。

图片是由其他文件创建的图形，它包括位图、扫描的图片和照片等。剪贴画是 Word 程序附带的一种矢量图，包括人物、动植物、建筑、科技等各个领域，精美而且实用。艺术字是指具有特殊艺术效果的装饰性文字。自选图形与艺术字类似，可以通过多个自选图形的组合而形成更复杂的图形。文本框可以用来存放文本，是一种特殊的图形对象，使用文本框可以很方便地将文档内容放置到页面的指定位置，不必受到段落格式、页面设置等因素的影响。

在功能区"插入"选项卡的"插图"组和"文本"组中提供了插入以上元素的命令选项，这些元素插入到 Word 文档中以后，还会在功能区显示出用于编辑对应元素的功能区选项卡，利用选项卡中的命令选项可以完成对所插入元素的编辑和修改。例如，对于插入的图片，可以对其进行缩放、剪裁、移动、更改亮度和对比度、添加艺术效果、应用图片样式等设置。

4．SmartArt 工具

Word 2010 中的 SmartArt 工具能够帮助用户制作出精美的文档图表对象。使用 SmartArt 工具，可以非常方便地在文档中插入用于演示流程、层次结构、循环或者关系的 SmartArt 图形。

插入 SmartArt 图形以后，在功能区会显示用于编辑 SmartArt 图形的"设计"和"格式"选项卡，可以为 SmartArt 图形进行添加新形状、更改大小、布局以及形状样式等的调整。

四、实验范例

1. 创建文档并输入文字

实例范例文字如图 2-11 所示。

```
1.1 学院简介
计算机学院是一个集教学、科研于一体的研究型学院，创建于 1980 年，学院现设有计算机科学与技术、软
件工程、网络工程、物联网工程、通信工程等 8 个本科专业，拥有计算机科学与技术、信息与通信工程两
个省一级重点学科以及计算机技术专业硕士和工程硕士授予权。学院现有教职工 130 人，其中教授、副教
授 90 余人，具有博士学位的教师有 70 余人，还拥有获得优秀教师、教学名师等称号的一批优秀专家学者。
1.2 机构设置
计算机学院下设计算机科学与工程系、信息与通信工程系、计算机应用研究所、通信技术研究所和处理日
常事务的办公室，每个系下具有教研室和承担学生实验环节的实验中心。
1.3 现任领导
计算机学院现配备院长 1 名，书记 1 名，副院长 3 名，副书记 1 名。
1.4 办公服务
1.4.1 日常教学
1.4.2 思想政治教育
1.4.3 科学研究
1.4.4 对外合作交流
1.4.5 其他事务
```

图 2-11　实例范例文字

2. 进行格式设置并保存文件

输入完成后，将标题文字设置为黑体、二号、居中显示；将正文文字设置为宋体、小四，并设置首行缩进 2 字符，行距为 1.5 倍，之后将文件以文件名"学院简介.docx"保存。

3. 利用样式设置正文中的小标题

样式是 Word 内置的或用户自己创建的一组文档格式的组合，利用样式可以快速地对所选文字或段落进行一组格式设置，无须逐项进行设置，提高了排版的效率。

下面将对文件"学院简介.docx"中的小节标题进行样式设置，具体实现步骤如下：

（1）选中文件中的所有二级小标题，如"1.1 学院简介"。

（2）单击"开始"选项卡中"样式"组中样式列表框中的"标题 2"样式，所选文字的字体、字号、段落格式等将自动改变成"标题 2"的设置格式。

（3）选中文件中的所有三级小标题，如"1.4.1 日常教学"。

（4）按相同的设置方法将其设置为"标题 3"样式。

设置完成后注意保存文件，请注意观察结果。

4. 插入图片美化文档

选择一张与文档内容匹配的图片或者使用 Word 内置的剪贴画，将其插入到文档中的合适位置，调整好大小后可根据自己的喜好更改图片与周围文本的环绕方式，设置完成后观察效果。可以尝试使用"图片工具–格式"选项卡中的设置命令来对图片进行亮度、对比度、大小以及位置等的调整。

5．插入 SmartArt 图形

根据文档"学院简介.docx"中"1.2 机构设置"小节中的学院构成创建一个 SmartArt 图形。具体实现步骤如下：

（1）将光标定位到文档"1.2 机构设置"小节正文的尾部。

（2）按【Enter】键插入一个空行。

（3）单击"插入"选项卡中"插图"组中的 SmartArt 按钮，打开"选择 SmartArt 图形"对话框，如图 2-12 所示。

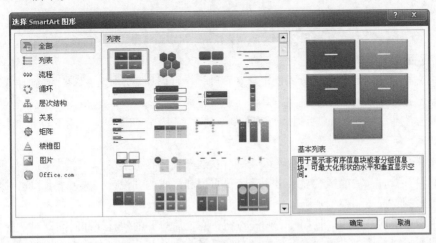

图 2-12　"选择 SmartArt 图形"对话框

左侧列表中显示的是 Word 2010 提供的 SmartArt 图形分类列表，单击某一种类别，会在对话框中间显示出该类别下所有 SmartArt 图形的图例，单击某一图例，在右侧可以预览到该种 SmartArt 图形并在预览图的下方显示该图的文字介绍，在此选择"层次结构"分类下的"层次结构"。

（4）单击"确定"按钮，即可在文档中插入图 2-13 所示的层次结构图。

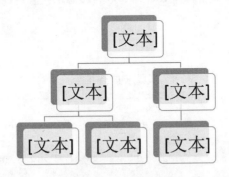

图 2-13　层次结构图

（5）在图中显示"文本"的位置单击，根据"1.2 机构设置"中的内容进行输入，输入文字的格式默认按照预先设计的格式显示，也可以根据自己的需要利用功能区的 SmartArt 工具进行更改。完成后的层次结构图如图 2-14 所示。

设置完成后注意保存文件，观察文档插入 SmartArt 图形后的效果。

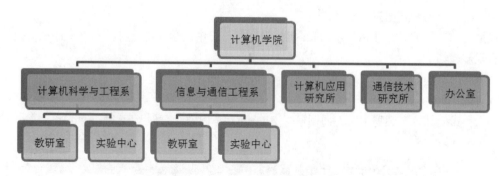

图 2-14 设置完成后的层次结构图

6. 设置页眉和页脚

可以为文档"学院简介.docx"添加页眉和页脚，在页眉处显示文字"欢迎来到计算机学院"，在页脚处显示打开文档时的系统时间。具体实现步骤如下：

（1）单击"插入"选项卡"页眉和页脚"组中的"页眉"按钮，在弹出的下拉列表中选择"编辑页眉"选项。

（2）光标会显示在页眉处，直接输入文字"欢迎来到计算机学院"。

（3）编辑页眉时，功能区会显示出用于编辑页眉和页脚的"设计"选项卡，单击"导航"组中的"转至页脚"按钮切换到页脚。

（4）单击"插入"组的"日期和时间"按钮，在之后打开的"日期和时间"对话框中选择一种日期时间格式，并选中对话框右下角的"自动更新"复选框，单击"确定"按钮。

（5）完成设置后单击"关闭"组中的"关闭页眉和页脚"按钮。

在进行页眉和页脚设置的过程中会发现，正文中的内容变为灰色不可编辑的，完成设置后关闭页眉和页脚工具，则正文又变回到可编辑状态，页眉和页脚的内容则变为灰色。

在页眉和页脚中可以显示页码、作者名、文件名、文件大小以及文件标题等信息，还可以设置首页不同或奇偶页不同的页眉和页脚，请大家上机实际操作加以体会。

至此，本实验就做完了，请正常关闭系统，并认真总结实验过程和所取得的收获。

五、实验要求

任务一

将图 2-15 所示的文字按照下方的操作要求进行排版。

> **闻鸡起舞**
>
> 祖逖和刘琨都是晋代著名的将领，两人志同道合，气意相投，都希望为国家出力，干出一番事业。他们白天一起在衙门里供职，晚上合盖一床被子睡觉。
>
> 当时，西晋皇族内部互相倾轧，争权夺利，各少数民族首领乘机起兵作乱，国家安全受到严重威胁。祖逖和刘琨对此都很为焦虑。
>
> 一天半夜，祖逖被远处传来的鸡叫声惊醒，便把刘琨踢醒，说："你听到鸡叫声了吗？"刘琨侧耳细听了一会，说："是啊，是鸡在啼叫。不过，半夜的鸡叫声是恶声啊！"祖逖一边起身，一面反对说："这不是恶声，而是催促我们快起床锻炼的叫声。"刘琨跟着穿衣起床。两人来到院子里，拔出剑来对舞，直到曙光初露。
>
> 后来，祖逖和刘琨都为收复北方竭尽全力，作出了自己的贡献。

图 2-15 任务一文字

操作要求：

（1）文档选用纸型为 A4，页边距均为 2.5 cm。

（2）标题是小二号黑体字且居中，给标题加下画线；正文文字是小四号楷体字，每段的首行有两个汉字的缩进，行距设为 2 倍行距。

（3）包含标题在内的所有段落均设置段前段后间隔为 1 行，并将正文第三段设置为分两栏显示。

（4）按图 2-16 所示设置文字的其他修饰，如字体颜色、底纹、边框以及下画线等。

（5）为文档设置文字水印，文字内容为"闻鸡起舞"，设置成"紫色（半透明）"水印，字体为宋体，尺寸为自动。

（6）搜索一张和主题相关的图片插入文档中（插图来源于网络），将图片样式设置为"柔化边缘椭圆"，并添加自选图形，设置效果如图 2-16 所示。

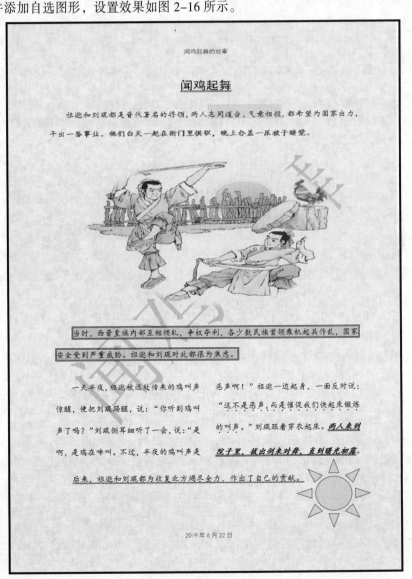

图 2-16　任务一样本图片

（7）在页眉中输入文字"闻鸡起舞的故事"，页脚设定为系统当前日期，页眉、页脚均为小五号黑体字，且居中对齐显示。

（8）将文档背景设置为填充"羊皮纸"纹理。

任务二

将图 2-17 所示的文字按照下方的操作要求进行排版。

> **大数据**
>
> 现在的社会是一个高速发展的社会，科技发达，信息流通，人们之间的交流越来越密切，生活也越来越方便，大数据就是这个高科技时代的产物。
>
> 大数据，指无法在一定时间范围内用常规软件工具进行捕捉、管理和处理的数据集合，是需要新处理模式才能具有更强的决策力、洞察发现力和流程优化能力的海量、高增长率和多样化的信息资产。麦肯锡全球研究所给出的定义是：一种规模大到在获取、存储、管理、分析方面大大超出了传统数据库软件工具能力范围的数据集合，具有海量的数据规模、快速的数据流转、多样的数据类型和价值密度低四大特征。
>
> 大数据技术的战略意义不在于掌握庞大的数据信息，而在于对这些含有意义的数据进行专业化处理。换而言之，如果把大数据比作一种产业，那么这种产业实现盈利的关键，在于提高对数据的"加工能力"，通过"加工"实现数据的"增值"。
>
> 大数据需要特殊的技术，以有效地处理大量的容忍经过时间内的数据。适用于大数据的技术，包括大规模并行处理（MPP）数据库、数据挖掘、分布式文件系统、分布式数据库、云计算平台、互联网和可扩展的存储系统。

图 2-17　任务二文字

操作要求：

（1）文档选用纸型为 A4，页边距设置为"普通"。

（2）标题是二号黑体字且居中，正文是小四号宋体字，每段的首行有两个汉字的缩进，标题所在段落"段后间距"设为"1 行"，正文行距设置为"最小值（12 磅）"。

（3）根据图 2-18 对正文相关文字进行颜色、着重号、底纹以及边框等设置。

（4）根据图 2-18 设置首字下沉、分栏。

（5）为文档添加页面边框，将页面背景设置为填充纹理 "新闻纸"，并添加蓝色半透明水印，水印文字为"大数据"。

（6）搜索合适的剪贴画插入到文档，文字环绕方式设置为"四周型环绕"，图片样式为"棱台矩形"。

（7）插入艺术字"数据统计表"作为表格的标题，文字环绕方式设置为"上下型环绕"；字体设置为：小初号宋体字加粗，艺术字弯曲为"正三角"，字体颜色为绿色。

（8）选择"固定列宽"形式插入表格，列宽设置为"2 厘米"，行高"1 厘米"，表格居中；表格中的文字是小四号加粗楷体字，为单元格设置不同颜色底纹，表格边框线的宽度为外框 3 磅，并根据图 2-18 设置相应单元格的对齐方式。

（9）在表格下方插入形状，并设置为浮于文字上方，2.25 磅蓝色形状轮廓，填充色为"绿色"，添加文字"插入形状"。

（10）在页眉处填写本人姓名，页脚填写系统时间，文字为五号黑体，居中显示。

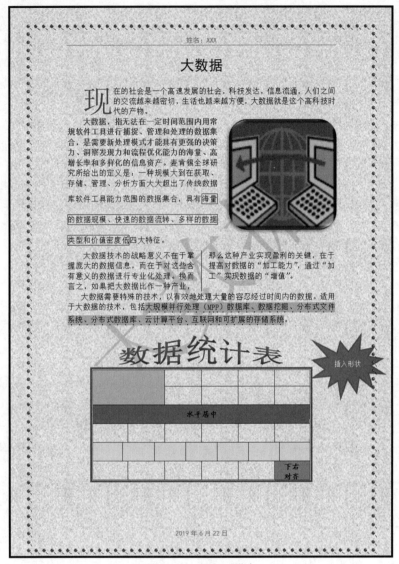

图 2-18　任务二样本

实验四　样式与目录

一、实验学时

1 学时。

二、实验目的

（1）掌握样式的设置。

（2）掌握如何生成目录。

（3）掌握如何更新目录和插入目录。

三、相关知识

1. 样式

样式是一种预定义的格式集，是一组已经命名的字符格式或段落格式。利用样式可以把段落、文字等格式组合成一个整体，以方便用户的使用。使用样式与直接设定格式相比有如下优点：

（1）使用样式可以提高效率，一个样式可以包括一组格式。

（2）使用样式可以保证格式的一致性，指定为同一样式的文本即具有完全相同的格式。

（3）使用样式可以方便修改，修改了样式也就可以将使用这一样式的所有文本都做出修改。

2. 目录

当 Word 2010 文档有多页内容时，为了能够清晰显示文档结构，也为了便于查找内容或快速定位，通常会对 Word 文档进行目录的生成和设置，而样式的设置能够辅助目录的生成。

在 Word 2010 中，可以非常方便地创建目录，并且在目录发生变化时，通过简单的操作就可以对目录进行更新。目录的创建主要包括以下几个步骤：

（1）通过样式标记目录项。

（2）创建目录。

（3）更新目录。

四、实验范例

1. 打开文档

打开文档“实验报告.docx”，文档内容是一篇实验报告，如图 2-19 所示。在生成目录前，需要先对文档的内容进行格式的设置。

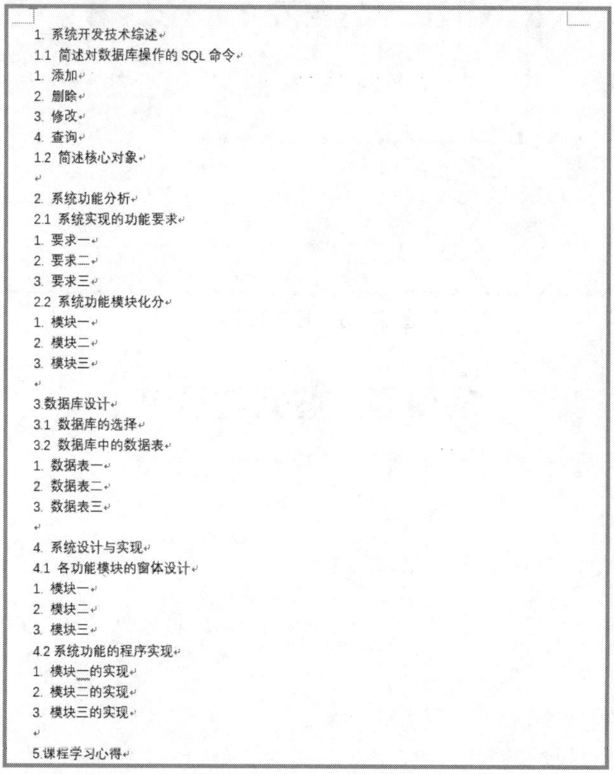

1. 系统开发技术综述
1.1 简述对数据库操作的 SQL 命令
1. 添加
2. 删除
3. 修改
4. 查询
1.2 简述核心对象

2. 系统功能分析
2.1 系统实现的功能要求
1. 要求一
2. 要求二
3. 要求三
2.2 系统功能模块化分
1. 模块一
2. 模块二
3. 模块三

3.数据库设计
3.1 数据库的选择
3.2 数据库中的数据表
1. 数据表一
2. 数据表二
3. 数据表三

4. 系统设计与实现
4.1 各功能模块的窗体设计
1. 模块一
2. 模块二
3. 模块三
4.2 系统功能的程序实现
1. 模块一的实现
2. 模块二的实现
3. 模块三的实现

5.课程学习心得

图 2-19 文档内容

2. 使用样式标记目录项

在"开始"选项卡中，选择"样式"中的"标题 1"对一级标题进行设置，如图 2-20 所示。

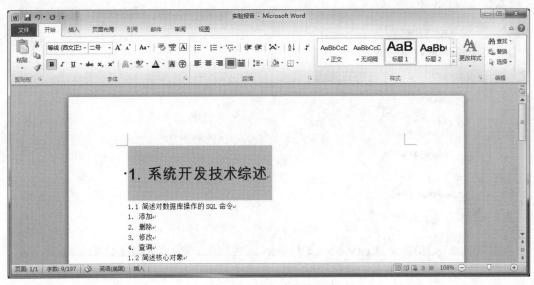

图 2-20　设置一级标题

在"开始"选项卡中，选择"样式"中的"标题 2"对二级标题进行设置，如图 2-21 所示。若需要生成目录的文档有多级标题，则利用"样式"菜单中的格式依次进行设置。

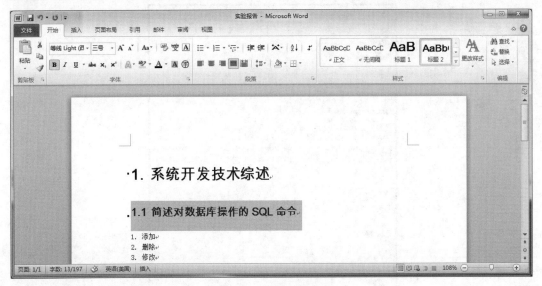

图 2-21　设置二级标题

文档中所有的标题设置好后，完成效果如图 2-22 所示。

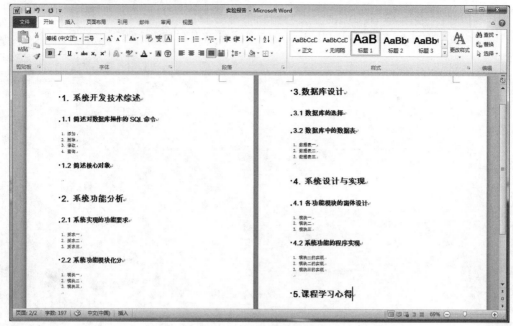

图 2-22　各级标题设置完成

3．插入目录

将光标定位在文档开头，再单击"引用"选项卡中的"目录"按钮，在弹出的下拉列表中选择"自动目录 1"，如图 2-23 所示。

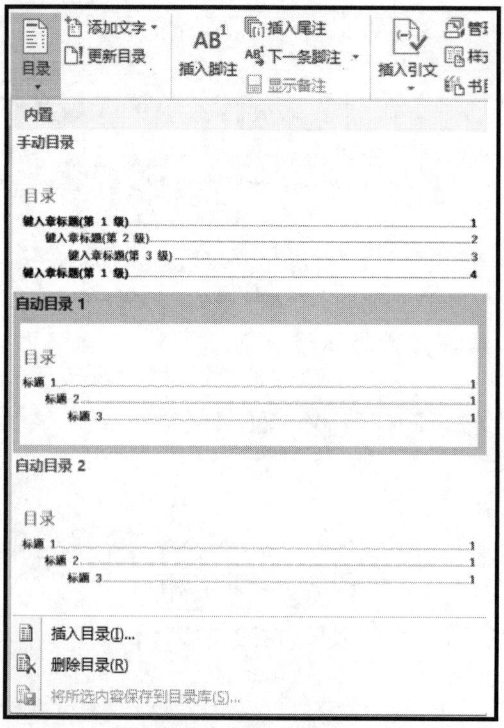

图 2-23　生成目录选项

生成的目录如图 2-24 所示。

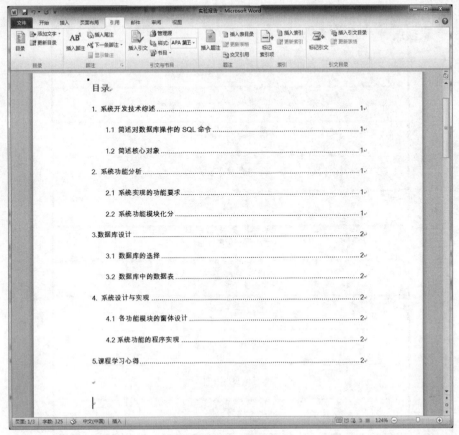

图 2-24　目录

除了利用"自动目录"选项，还可以使用"插入目录"命令来生成目录。单击"引用"选项卡中的"目录"按钮，在弹出的下拉列表中选择"插入目录"，弹出图 2-25 所示的对话框。

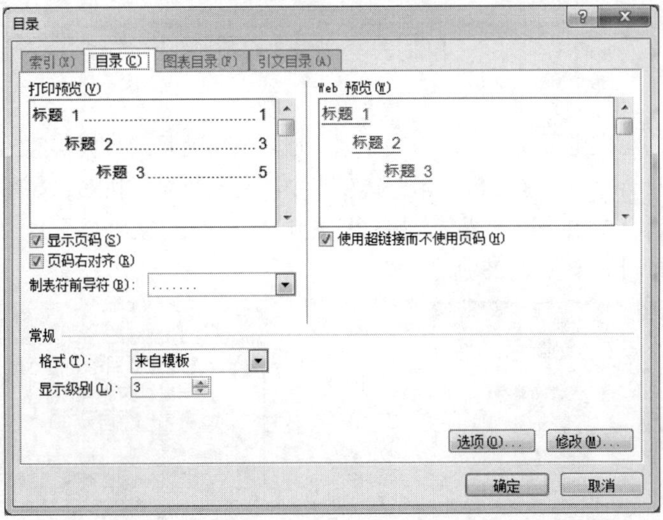

图 2-25　"插入目录"对话框

可以在这个对话框的"制表符前导符"下拉列表框中选择前导符样式。在"格式"下拉列表框中选择"现代",显示级别选择 2,则生成图 2-26 所示的目录。

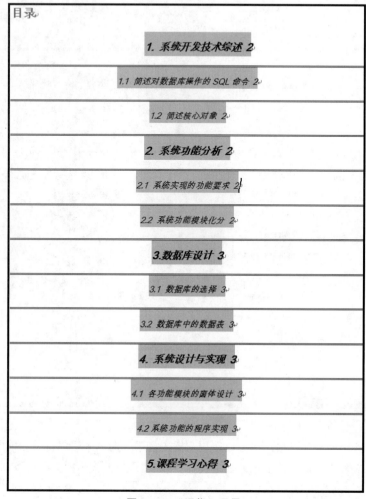

图 2-26 "现代"目录

4．更新目录

如果文档中的内容发生了变化,如修改标题、增删文字使目录页码与实际页码不对应等,则需要对生成的目录进行更新。单击"引用"选项卡中"更新目录"按钮,如图 2-27 所示。在打开的"更新目录"对话框中,根据情况选择"只更新页码"或"更新整个目录"单选按钮,然后单击"确定"按钮即可,如图 2-28 所示。

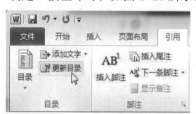

图 2-27 "更新目录"按钮

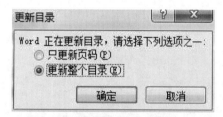

图 2-28 "更新目录"对话框

至此，一个实验就做完了，请正常关闭软件，并认真总结实验过程和所取得的收获。

五、实验要求

打开素材文档"北京政府统计工作年报.docx"（这是一篇从互联上获取的文字资料）并按照下方的操作要求进行设置。

操作要求：

（1）将文档中以"一"、"二"、……开头的段落设为"标题 1"样式；以"（一）"、"（二）"、……开头的段落设为"标题 2" 样式；以 1、2、开头的段落设为"标题 3"样式。

（2）在封面页与正文之间插入目录，目录要求包含标题第 1～3 级及对应页号。目录单独占用一页，无须分栏。

实验五　邮件合并

一、实验学时

1 学时。

二、实验目的

（1）掌握邮件合并的基本步骤。

（2）了解插入其他文档部件的方法。

三、相关知识

利用 Word 2010 的邮件合并功能可以批量制作模板化的文档，例如批量处理信函、信封、标签、电子邮件等。通过邮件合并功能来快速批量生成这些文档，不仅操作简单，而且可以设置各种格式，减少了不必要的重复工作，提高了办公效率。

要使用邮件合并功能，要先建立两个文档：一个包括所有文件共有内容的主文档 Word 文档（比如需要填充信息的信函等）和一个包括变化信息的数据源 Excel 文档（填写的收件人、发件人、邮编等），然后在主文档中插入变化的信息，合成后的文件用户可以保存为 Word 文档。

四、实验范例

1．制作成绩通知书

利用 Word 制作统一的成绩单模板，在该模板中利用已有的 Excel 数据文件填充不同学生的各项信息。

（1）在 Excel 中制作如图 2-29 所示的成绩单。

（2）在 Word 中制作"成绩通知书"模板，如图 2-30 所示。

（3）单击"邮件"选项卡中的"开始邮件合并"按钮，在弹出的下拉列表中选择"信函"。

（4）单击"邮件"选项卡中的"选择收件人"按钮，在弹出的下拉列表中选择"使用现有列表选项"，如图 2-31 所示。在打开的对话框中选定制作好的 Excel 成绩表。在打开的对话框里选择成绩数据所在表，在这个文件中选择 Sheet1，如图 2-32 所示。

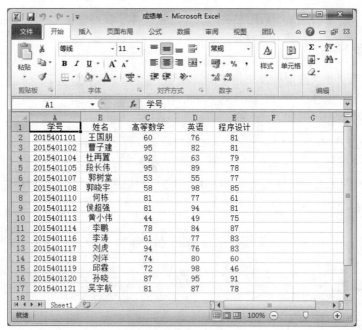

图 2-29　Excel 成绩单

图 2-30　"成绩通知书"模板

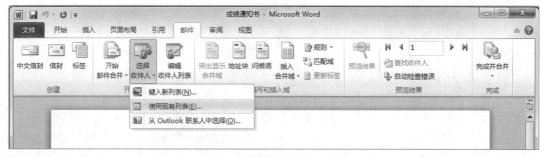

图 2-31　"选择收件人"选项

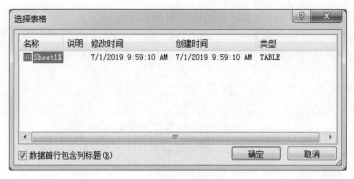

图 2-32　选择表格

（5）编辑收件人。在"邮件"选项卡中，单击"编辑收件人列表"按钮，在打开的对话框中选择要使用的收件人。

（6）在 Word 文档中相应的位置插入变化信息。将光标定位在"同学"二字之前，单击"插入合并域"按钮，弹出列表如图 2-33 所示。在列表中显示的是刚才插入的 Excel 成绩单中的列标题，此时在列表中选择"姓名"。

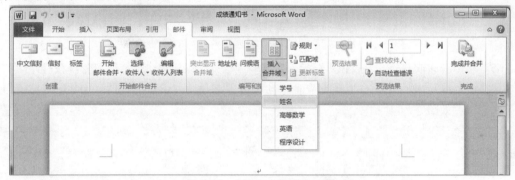

图 2-33　"插入合并域"列表

（7）在 Word 文档"成绩通知书"表格中相应的位置插入合并域。插入完成后如图 2-34 所示。

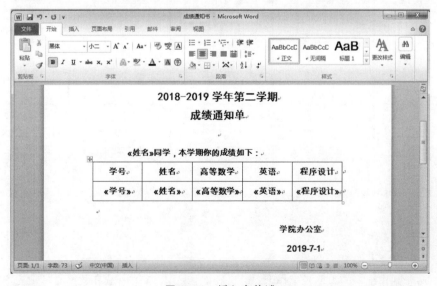

图 2-34　插入合并域

（8）单击"预览结果"按钮可查看效果，结果如图 2-35 所示。

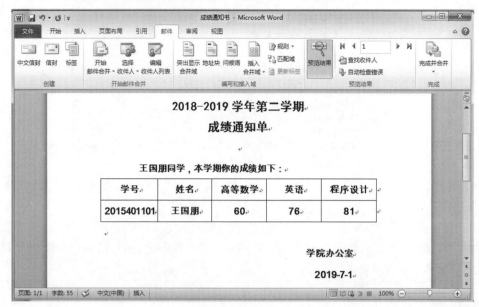

图 2-35 预览结果

（9）单击"完成并合并"按钮，在弹出的列表中选择"编辑单个文档"命令。在打开的对话框中选择"全部"，则会生成一个新的 Word 文档，文档名字为"信函 1"，所有同学的成绩单都在这个文档中，如图 2-36 所示。

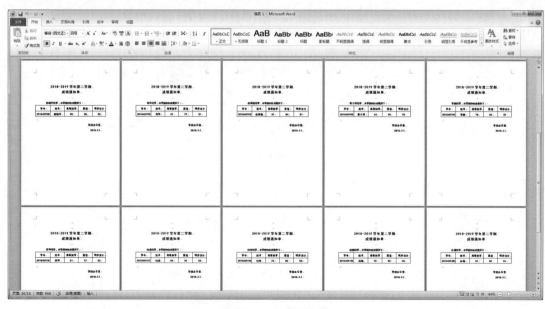

图 2-36 生成的文件

（10）保存该文档。

2. 制作志愿者工作卡

利用 Word 制作统一的志愿者工作卡，在工作卡中利用已有的 Excel 数据文件填充不同志愿者的各项信息。通过本实例练习如何插入不同的照片。

操作步骤：

（1）制作图 2-37 所示的 Excel 文档，并制作图 2-38 所示的 Word 文档。

图 2-37　志愿者名单

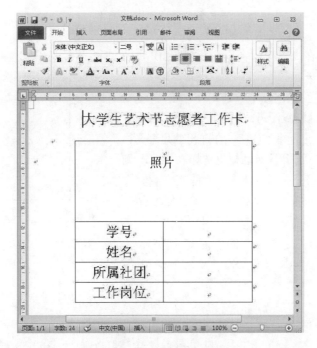

图 2-38　志愿者工作卡格式

（2）参考制作成绩单时插入合并域的方法，在图 2-38 中"学号""姓名""所属社团""工作岗位"所对应的数据域的位置选择插入表格中对应的数据域。

（3）插入照片前要先将以上两个文档和所有照片放置在一个文件夹下。

（4）将光标定位在照片所在的单元格中。单击"插入"选项卡中的"文档部件"按钮。在下拉列表中选择"域",打开图 2-39 所示对话框。

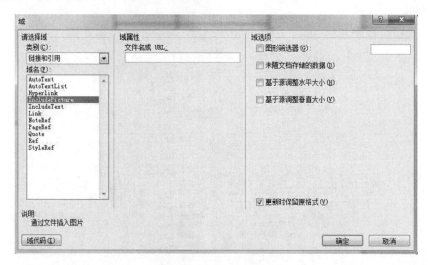

图 2-39 "域"对话框

（5）在图 2-39 所示的对话框中,"类别"选择"链接和引用","域名"选择 IncludePicture。单击"确定"按钮后出现"错误! 未指定文件名。",在这行文字上右击,在弹出的菜单中选择"切换域代码"命令,则出现图 2-40 所示代码。

（6）将光标定位在"\"符号前,注意 INCLUDEPICTURE 后面的空格保留。

（7）单击"邮件"选项卡,在"插入合并域"中选择"照片名称",按【F9】键刷新代码,完成照片的插入。

（8）单击"完成并合并"按钮,在弹出的列表选择"编辑单个文档"命令。在打开的对话框里选择"全部",则会生成一个新的 Word 文档,文档名字为"信函 2"。保存文档,注意此文档的保存位置应与原文档一致。文档保存后按【F9】键刷新,完成后的志愿者工作卡如图 2-41 所示。

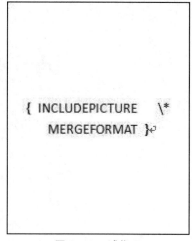

图 2-40 域代码

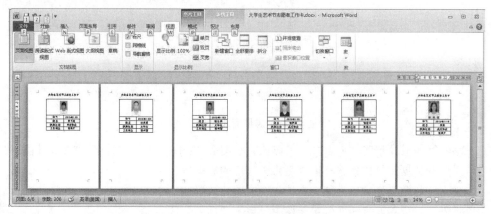

图 2-41 志愿者工作卡

至此，本次实验就做完了，请正常关闭软件，并认真总结实验过程和所取得的收获。

五、实验要求

利用图 2-42 所示的请柬模板按照下方的操作要求制作请柬，关联数据是 Excel 文件"贵宾名单.xlsx"，文件内容如图 2-43 所示。

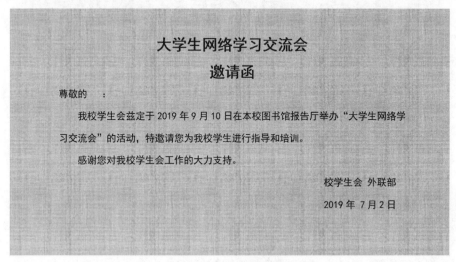

图 2-42　邀请函样张

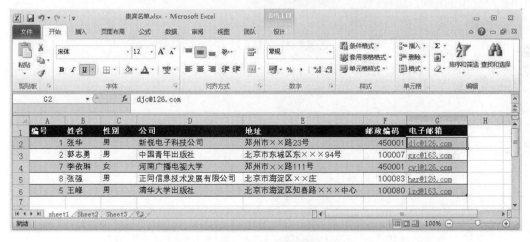

图 2-43　贵宾名单

操作要求：

（1）运用邮件合并功能制作内容相同、收件人不同的多份请柬。

（2）收件人为"贵宾名单.xlsx"中的每个人，收件人称谓根据性别分别设置为"先生"和"女士"。

（3）先将合并主文档以"请柬 1.docx"为文件名进行保存，进行效果预览后生成可以单独编辑的单个文档"请柬 2.docx"。

（4）利用"邮件"选项卡中"创建"组中的"中文信封"命令，通过信封制作向导创建信封，并保存为"信封 1"。信封中的收件人信息来源于 Excel 文件"贵宾名单.xlsx"。

第 3 章 电子表格处理软件
Excel 2010

电子表格处理软件 Excel 2010 是 Microsoft 公司开发的 Office 2010 办公组件之一，主要用途是处理数据。利用 Excel 2010 可以创建工作簿（电子表格集合）并设置工作簿格式，进行各种数据处理、统计分析数据和辅助决策。还可以使用 Excel 2010 进行数据跟踪、生成数据分析模型、编写公式对数据进行计算、以多种方式透视数据，并以各种具有专业外观的图表来显示数据。 Excel 2010 广泛应用于管理、统计财经、金融等众多领域。

实验一 Excel 2010 的基本应用

一、实验学时

2 学时。

二、实验目的

（1）掌握 Excel 2010 各种类型数据的输入方法。
（2）掌握数据的修改及编辑工作表的方法与步骤。
（3）掌握数据格式化的方法与步骤。
（4）掌握工作簿的操作，包括插入、删除、移动、复制、重命名工作表等。
（5）掌握格式化工作表的方法。

三、相关知识

1. Excel 2010 简介

Excel 2010 是微软公司出品的 Office 2010 系列办公软件中的一个组件，可以用来制作电子表格、完成复杂的数据运算、进行数据的统计和分析等，并且具有强大的制作图表功能。

Excel 2010 的窗口由快速访问工具栏、标题栏、选项卡、功能区、窗口操作按钮、工作簿窗口按钮、帮助按钮、名称框、编辑栏、编辑窗口、状态栏、滚动条、工作表标签、视图按钮以及显示比例等组成，方便直观，便于用户操作。

Excel 2010 中改进的新功能主要有 Microsoft Office Backstage 视图取代了传统的文件菜单、单元格内嵌的迷你图、切片器功能、搜索筛选器功能、自定义内置选项卡功能、条件格式功能、数据透视图功能、电子表格发布功能等。

2．基本操作

制作表格是 Excel 2010 的基本功能。Excel 2010 的文件称为工作簿；一个工作簿中可以包括有多个工作表；每个工作表中有多行，每行由数字标识，工作表中还包含多列，每列由英文字母标识，表格中的单元格由列名行名标识，例如 A4 单元格。每个工作表的建立包括有对单元格的操作：单个单元格的选定、连续及不连续单元格的选定、行或列的选定、单元格的命名等；数据的输入：文本的输入、数值的输入、日期和时间的输入、批注的输入、自动填充数据等。Excel 2010 还提供编辑、输入、删除等功能，可以和 Word 一样进行查找和替换、添加批注等操作。

3．编辑及格式化工作表

表格制作完成之后，就可以对工作表进行必要的编辑和格式化操作。对工作表的编辑包括工作表的重命名、移动、复制、插入、删除、拆分与冻结等；对工作表的格式化包括设置字符、数字、日期以及对齐格式，调整行高和列宽，设置边框、底纹和颜色等。

4．使用条件格式

条件格式基于条件来更改单元格区域的外观，有助于突出显示所关注的单元格或单元格区域，强调异常值，使用数据条、颜色刻度和图标集来直观地显示数据，操作包括快速格式化和高级格式化。

5．套用表格格式和单元格样式

Excel 2010 提供了一些已经制作好的表格格式，可以套用这些格式，制作出既漂亮又专业的表格。

单元格样式是一组已定义的格式特征，如字体和字号、数字格式、单元格边框和单元格底纹。操作包括应用单元格样式和创建自定义单元格样式。

四、实验范例

1．启动 Word 2010

启动 Word 2010 的方法有以下 3 种。

（1）选择"开始"→"所有程序"→Microsoft Office→Microsoft Excel 2010 命令。

（2）如果在桌面上已经创建了启动 Excel 2010 的快捷方式，则双击快捷方式图标。

（3）双击任意一个 Excel 2010 文档，就会启动 Excel 2010 并且打开相应的文件。

2．认识 Excel 2010 的窗口构成

Excel 2010 的窗口主要包括标题栏、快速访问工具栏、"文件"按钮、选项卡、功能区、编辑区等。

3．熟悉 Excel 2010 各个选项卡的组成

默认安装后，功能区有"开始""插入""页面布局""公式""数据""审阅""视图"7 个选项卡。在激活某功能后，还会自动添加该功能的选项卡。

用户可以通过单击"文件"按钮面板中的"选项"，在随后打开的"Excel 选项"对话框中单击"自定义功能区"，然后对功能区进行自定义设置。

4．文件的建立与文本的编辑

（1）启动 Excel 2010 进入工作窗口之后，即会创建一个默认文件名为"工作簿 1"的新文件，如果需要使用 Excel 2010 提供的模板来建立新文档，则可以单击"文件"按钮，在打开的"文件"

面板中选择"新建"命令，在右侧的面板中列出了"可用模板"选项以及 Office.com 网站所提供的模板选项，根据需要选择合适的选项即可。

（2）在本实验中不需要使用模板来创建文档，打开 Excel 2010 后自动创建"工作簿 1"，在这个工作簿中自动包括 3 个工作表，单击"文件"按钮，在其下拉面板中选择"保存"，或者直接在快速访问工具栏中单击"保存"按钮，打开"另存为"对话框，在保存位置中选择 D 盘，在"文件名"文本框中输入"学生信息与成绩"，保存类型为默认。

工作簿中 3 个表如图 3-1 所示。

学生信息表

学号	姓名	院系	班级	出生日期	籍贯
201807101	李红	计算机学院	通信工程 18-01	1999 年 12 月 6 日	河南郑州市
201808102	张明	计算机学院	通信工程 18-01	2000 年 4 月 5 日	河南郑州市
201708103	王丽	计算机学院	通信工程 18-01	1999 年 11 月 20 日	北京市
201807104	张晓晓	计算机学院	通信工程 18-01	2000 年 7 月 15 日	上海市

大学英语成绩单

学号	姓名	平时成绩	考试成绩	综合成绩
201807101	李红	85	79	
201808102	张明	73	78	
201708103	王丽	96	91	
201807104	张晓晓	60	45	

综合成绩=平时成绩的*0.2+考试成绩*0.8

成绩表

学号	姓名	大学英语	高等数学	体育
201807101	李红	71	69	76
201808102	张明	68	78	86
201708103	王丽	81	68	73
201807104	张晓晓	52	90	72

图 3-1　实例范例"学生信息与成绩"工作簿中的 3 个表

（3）双击工作表标签 Sheet1，使其处于反显状态，输入新名称"学生信息表"覆盖原有名称，用同样的方法将 Sheet2 和 Sheet3 重命名为"大学英语成绩单"和"成绩单"。

（4）在"学生信息表"第 1 行和第 2 行中相应单元格中输入文本和数字，其中出生日期可以输入 1999/12/06。适当调整列宽，以适应单元格中文字宽度，如图 3-2 所示。

	A	B	C	D	E	F
1	学号	姓名	院系	班级	出生日期	籍贯
2	201807101	李红	计算机学院	通信工程18-01	1999/12/6	河南省郑州市

图 3-2　输入"学生信息表"前两行

（5）利用自动填充输入单元格内容。单击选中 A2 单元格，移动光标至单元格右下角，使光标指针变成黑色十字，此时向下拖动鼠标至 A6 单元格后松开，单击右下角的"自动填充选项"，在下拉列表中选择"填充序列"选项，A 列中"学号"填充完毕。同样，单击选中 C2 单元格，移动光标至单元格右下角，使光标指针变成黑色十字，此时向下拖动鼠标至 C6 单元格后松开，在"自动填充选项"列表中选择"复制单元格"选项，C 列中"院系"复制填充完毕。用同样的操作将"班级"列信息复制填充完毕。之后，将其余单元格按要求输入文字。

（6）设置日期型数据。选择连续区域 E2:E5，然后在"开始"选项卡的"数字"组中单击"对话框启动器"按钮，打开"设置单元格格式"对话框，如图 3-3 所示。在"数字"选项卡左侧"分类"中选择"日期"，在右侧"类型"中选择相应选项，单击"确定"按钮。单元格内容输入完毕，结果如图 3-4 所示。

图 3-3　"设置单元格格式"对话框

	A	B	C	D	E	F
1	学号	姓名	院系	班级	出生日期	籍贯
2	201807101	李红	计算机学院	通信工程18-01	1999年12月6日	河南省郑州市
3	201807102	张明	计算机学院	通信工程18-01	2000年4月5日	河南省郑州市
4	201807103	王丽	计算机学院	通信工程18-01	1999年11月20日	北京市
5	201807104	张晓晓	计算机学院	通信工程18-01	2000年7月25日	上海市

图 3-4　单元格内容输入后结果

（7）格式化工作表。选中第一行单元格，将字体设置成黑体、14 号，对齐方式为"垂直居中"；选中表格区域，在"字体"选项卡中单击"边框"按钮右下角下拉按钮，在打开的边框下拉列表中选择"所有框线"，之后再次选择"粗匣框线"。还可以对各单元格进行其他格式操作。

（8）建立另外两个表格。其中"学号"和"姓名"列内容与第一张表中相同，可以采用复制粘贴方式进行输入。

（9）使用条件格式。在"成绩单"表中，选中单元格区域 C2:E5，在"开始"选项卡的"样式"组中单击"条件格式"，在下拉列表中可以设置和清除突出显示单元格规则，这里选择"突出显示单元格规则"→"小于"，出现"小于"对话框，设置如图 3-5 所示。这样，三门课的成绩中不及格的成绩就突出显示出来，如图 3-6 所示。

图 3-5　设置条件格式

	B	C	D	E
1	姓名	大学英语	高等数字	体育
2	李红	71	69	76
3	张明	68	78	86
4	王丽	81	68	73
5	张晓晓	52	90	72

图 3-6　条件格式设置之后的表格

（10）关闭 Excel 2010。完成后，保存文件，关闭并退出 Excel 2010。请认真总结实验过程和所取得的收获，以便完成下面的实验。

五、实验要求

任务一

制作图 3-7 所示表格并进行格式化。

	A	B	C	D	E	F	G
1			学生成绩表				
2	列1	列2	列3	列4	列5	列6	列7
3	姓名	课程名称				平均成绩	总成绩
4		高等数字	英语	程序设计	汇编语言		
5	王涛	89	92	95	96		
6	李阳	78	89	84	88		
7	杨利伟	67	74	83	79		
8	孙书方	86	87	95	89		
9	郑鹏腾	53	76	69	76		
10	徐巍	69	86	59	77		

图 3-7　任务一表格样式

操作要求：

（1）标题：合并且居中，楷体，字大小为 22，蓝色，加粗。

（2）表头及第一列：宋体，11 号字，居中，加粗。

（3）所有的数据都设置成居中显示方式。

（4）不及格分数用粉红色文字突出显示。

（5）内框线用细线描绘，外框线用粗框线勾出。（注意使用多种方法，即可以用"开始"选项卡"字体"组中的"框线"下拉列表进行设置，也可以用"笔"选好线型直接画出。请实际操作，体会其中的方法）。

（6）用套用格式进行格式的设置，本例用的是套用格式中浅色第三行第五个。

任务二

制作图 3-8 所示表格并进行格式化。

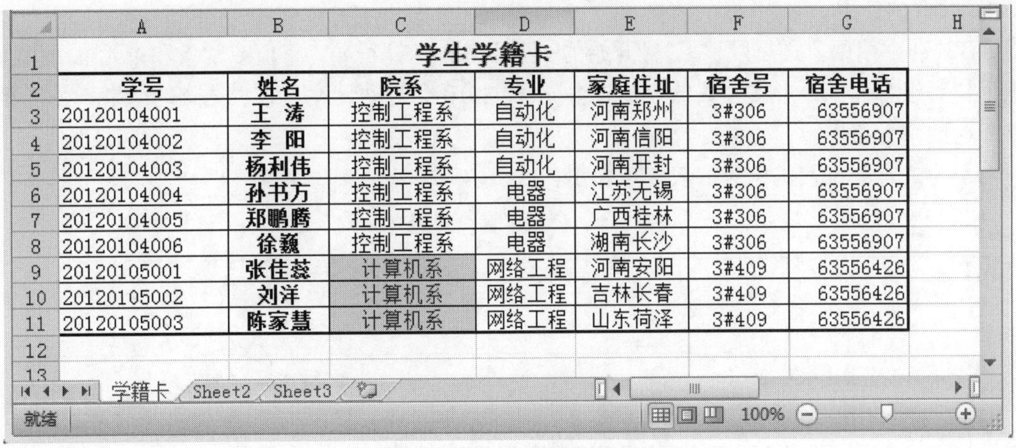

学号	姓名	院系	专业	家庭住址	宿舍号	宿舍电话
20120104001	王 涛	控制工程系	自动化	河南郑州	3#306	63556907
20120104002	李 阳	控制工程系	自动化	河南信阳	3#306	63556907
20120104003	杨利伟	控制工程系	自动化	河南开封	3#306	63556907
20120104004	孙书方	控制工程系	电器	江苏无锡	3#306	63556907
20120104005	郑鹏腾	控制工程系	电器	广西桂林	3#306	63556907
20120104006	徐巍	控制工程系	电器	湖南长沙	3#306	63556907
20120105001	张佳蕊	计算机系	网络工程	河南安阳	3#409	63556426
20120105002	刘洋	计算机系	网络工程	吉林长春	3#409	63556426
20120105003	陈家慧	计算机系	网络工程	山东荷泽	3#409	63556426

图 3-8　任务二表格样式

操作要求：

（1）标题：合并且居中，宋体，14 号字，加粗。

（2）表头：宋体，11 号字，居中，加粗。

（3）所有的数据对齐方式参照图 3-8 所示进行设置。

（4）各列数据用合适的填充方式进行数据填充。

（5）内框线用细线描绘，外框线用粗框线勾出。

（6）“院系”列中含“计算机”的单元格设置成“浅红填充色深红色文本”。

实验二　Excel 2010 公式与函数

一、实验学时

2 学时。

二、实验目的

（1）掌握单元格相对地址与绝对地址的应用。

（2）掌握公式的使用。

（3）掌握常用函数的使用。

（4）掌握“粘贴函数”对话框的操作方法。

三、相关知识

在 Excel 中，公式是对工作表中的数据进行计算操作最为有效的手段之一。在工作表中输入数据后，运用公式可以对表格中的数据进行计算并得到需要的结果。

函数实际上是一些预定义的公式，运用一些称为参数的特定的顺序或结构进行计算。Excel 2010 提供了财务、统计、逻辑、文本、日期与时间、查找与引用、数学和三角、工程、多维数据集和信息函数等共 10 类函数。运用函数进行计算可大大简化公式的输入过程，只需设置函数相应的必要参数即可进行正确的计算。

1. 公式的使用

在 Excel 中使用公式是以 "=" 号开始的，运用各种运算符号，将值或常量和单元格引用、函数返回值等组合起来，形成公式的表达式。Excel 2010 会自动计算公式表达式的结果，并将其显示在相应的单元格中。

（1）公式运算符及优先级如表 3-1 所示。

表 3-1　公式运算符及优先级

优 先 级 别	类　别	运　算　符
高 ↓ 低	引用运算	:（冒号）、,（逗号）、（空格）
	算术运算	-（负号）、%（百分比）、^（乘方）、* 和 /、+和 -
	字符运算	&（字符串连接）
	比较运算	=、<、< =、>、> =、< >（不等于）

其中，冒号（:）是引用运算符，指由两对角的单元格围起的单元格区域，例如：A2:B4 指定了 A2、B2、A3、B3、A 4、B4 这 6 个单元格。

逗号（,）是联合运算符，表示逗号前后单元格同时引用。例如：A2,B4,C5 指定了 A2、B4、C5 这 3 个单元格。

空格是交叉运算符，引用两个或两个以上单元格区域的重叠部分。如 "B3:C5 C3:D5" 指定了 C3、C4、C5 这 3 个单元格，如果单元格区域没有重叠部分，就会出现错误信息 "#NULL!"。

字符连接符&的作用是将两串字符连接成为一串字符，如果要在公式中直接输入文本，文本需要用英文双引号括起来。

Excel 2010 中，计算并非简单地从左到右执行，运算符的计算顺序如下：冒号、逗号、空格、负号、百分号、乘方、乘除、加减、&、比较。使用括号可以改变运算符执行的顺序。

（2）公式的输入。输入公式操作类似于输入文本类型数据，不同的是，在输入一个公式时，以等号 "=" 开头，然后才是公式的表达式。

2. 单元格的引用

在公式中可以引用本工作簿或其他工作簿中任何单元格区域的数据。

（1）相对引用。相对引用是指当前单元格与公式所在单元格的相对位置。运用相对引用，当公式所在单元格的位置发生改变时，引用也随之改变，例如：B4、C3。

（2）绝对引用。绝对引用指向工作表中固定位置的单元格，它的位置与包含公式的单元格无关，绝对引用要在列号、行号前面加上$符号。例如：$D$2。

（3）混合引用。混合引用是指在一个单元格地址中，用绝对列和相对行，或者相对列和绝对行。例如：$A1 或 A$1。

（4）同一工作簿不同工作表的单元格引用。要在公式中引用同一工作簿不同工作表的单元格内容，则需在单元格或区域前注明工作表名。例如：当前 Sheet2 工作表 F4 单元格中求 Sheet1 工作表的单元格区域 A1:A4 之和，那么输入 "=SUM（Sheet1!A1:A4）"。

（5）不同工作簿的单元格引用。例如：D 盘的工作簿 2.xlsx 的 Sheet1 工作表中 A1:A4 区域单元格求和，如果工作簿 2.xlsx 工作簿已经被打开，则可以通过在 F4 单元格中输入 "=SUM([工作簿2.xlsx]Sheet1!$A$1:$A$4)"。如果工作簿 2.xlsx 工作簿没有被打开，即要引用关闭后的工作簿文件的数据，则可以通过在 F4 单元格中输入 "=SUM('D:\[工作簿 2.xlsx]Sheet1'!$A$1:$A$4)"。

3．函数的使用

（1）函数的结构。一个函数包含等号、函数名称和函数参数 3 部分。函数名称表达函数的功能，每一个函数都有唯一的函数名，函数中的参数是函数运算的对象，可为数字、文本、逻辑值、表达式、引用或其他函数。要插入函数，可以切换到 Excel 2010 窗口中的 "公式" 选项卡下进行选择，若熟悉使用的函数及其语法规则，可在 "编辑框" 内直接输入函数形式。

（2）常用函数。

① 求和函数 SUM( )。

格式：SUM(number1,number2, …)。

功能：计算一组数值 number1,number2, …的总和。

说明：此函数的参数是必不可少的，参数允许是数值、单个单元格的地址、单元格区域、简单算式，并且允许最多使用 30 个参数。

② 求平均值函数 AVERAGE( )。

格式：AVERAGE(number1,number2,…)。

功能：计算一组数值 number1,number2, …的平均值。

说明：对于所有参数进行累加，并计数，再用总和除以计数结果，区域内的空白单元格不参与计数，但如果单元格中的数据为 0 时参与运算。

③ 最大值函数 MAX( )。

格式：MAX（number1,number2, …）。

功能：计算一组数值 number1,number2, …的最大值。

说明：参数可以是数字或者是包含数字的引用。如果参数为错误值或为不能转换为数字的文本，将会导致错误。

④ 最小值函数 MIN( )。

格式：MIN(number1,number2, …)。

功能：计算一组数值 number1,number2, …的最小值。

⑤ 计数函数 COUNT( )。

格式：COUNT(value1,value2,…)。

功能：计算区域中包含数字的单元格个数。

说明：只有引用中的数字或日期会被计数，而空白单元格、逻辑值、文字和错误值都将被忽略。

（3）高级函数。

① 条件计数函数 COUNTIF( )。

格式：COUNTIF(Range, Criteria)。

功能：计算区域中满足条件的单元格个数。

说明：条件的形式可以是数字、表达式或文字。

② 条件函数 IF( )。

格式：IF(logical_test, value_if_true, value_if_false)。

功能：根据逻辑值 logical_test 进行判断，若为 true，返回 value_if_true，否则，返回 value_if_false。

说明：IF 函数可以嵌套使用，最多嵌套 7 层，用 logical_test 和 value_if_true 参数可以构造复杂的测试条件。

③ 排名函数 RANK( )。

格式：RANK(number, ref, order)。

功能：返回单元格 number 在一个垂直区域 ref 中的排位名次。

说明：order 是排位的方式，为 0 或省略，则按降序排名次（值最大的为第一名）；不为 0 则按升序排名次（值最小的为第一名）。

函数 RANK 对重复数的排位相同，但重复数的存在将影响后续数值的排位。

④ 纵向查找函数 VLOOKUP( )。

格式：VLOOKUP(lookup_value,table_array,col_index_num,range_lookup)。

功能：按列查找，最终返回该列所需查询列序所对应的值。

说明：lookup_value 是要查找的值，table_array 是要查找的区域，col_index_num 是返回数据在查找区域的第几列数，range_lookup 代表模糊匹配/精确匹配。

⑤ 时间间隔函数 DATEDIF( )。

格式：DATEDIF(start_date,end_date,unit)。

功能：用于计算一段时间间隔。

说明：start_date 为一个日期，它代表时间段内的第一个日期或起始日期（起始日期必须在 1900 年之后）；end_date 为一个日期，它代表时间段内的最后一个日期或结束日期。unit 为所需信息的返回类型，参数设置如下：

"Y" 时间段中的整年数。

"M" 时间段中的整月数。

"D" 时间段中的天数。

"MD" 起始日期与结束日期的同月间隔天数。 忽略日期中的月份和年份。

"YD" 起始日期与结束日期的同年间隔天数。忽略日期中的年份。

"YM" 起始日期与结束日期的间隔月数。忽略日期中年份

四、实验范例

在此实验范例中我们使用实验一完成的工作簿"学生信息与成绩"中的 3 个表进行实际操作。

1．公式的使用及单元格的引用

这里我们使用 "大学英语成绩单"表，计算"综合成绩"列，根据综合成绩的说明：综合成绩=平时成绩的*0.2+考试成绩*0.8。操作步骤如下：

（1）单击选中 E2 单元格，在 E2 单元格中输入"=C2*0.2+D2*0.8"，按【Enter】键，E2 单元格中就自动计算出综合成绩。

（2）单击 E2 单元格，当鼠标指针变成实心黑色十字箭头时向下拖动至 E5 单元格松开，综合成绩列全部计算完毕。

（3）单击 E3 单元格，公式编辑窗口出现"=C3*0.2+D3*0.8"公式，这里用到了单元格的相对地址引用。

公式使用结果如图 3-9 所示。

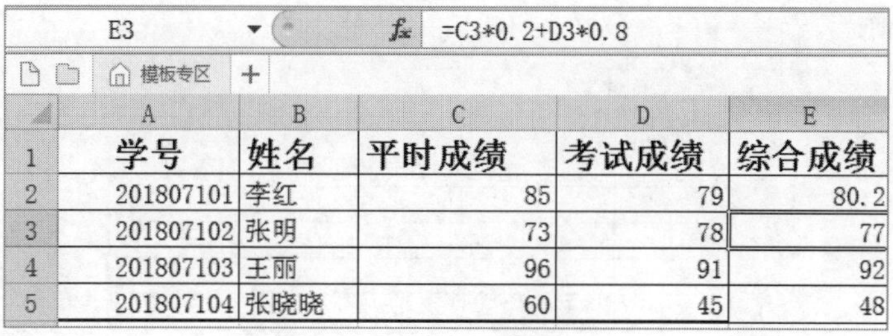

E3　=C3*0.2+D3*0.8

	A	B	C	D	E
1	学号	姓名	平时成绩	考试成绩	综合成绩
2	201807101	李红	85	79	80.2
3	201807102	张明	73	78	77
4	201807103	王丽	96	91	92
5	201807104	张晓晓	60	45	48

图 3-9　公式使用结果

2．常用函数的使用

这里使用“成绩单”表。

（1）函数 SUM()的应用：在“综合成绩”列后增加一列“总成绩”，即在 F1 单元格中输入“总成绩”，单击选中 F2 单元格，然后在“公式”选项卡的“函数库”组中单击“自动求和”按钮，自动出现公式“=sum(C2:E2)”，按【Enter】键，即在 F2 中求出李红同学 3 门考试的总成绩。单击 F2 单元格，当光标指针变成实心黑色十字箭头时向下拖动至 F5 单元格松开，“总成绩”列全部计算完毕，结果如图 3-10 所示。

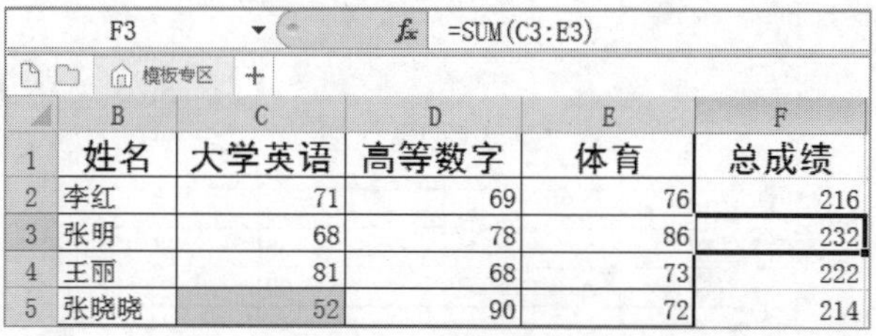

F3　=SUM(C3:E3)

	B	C	D	E	F
1	姓名	大学英语	高等数字	体育	总成绩
2	李红	71	69	76	216
3	张明	68	78	86	232
4	王丽	81	68	73	222
5	张晓晓	52	90	72	214

图 3-10　函数 SUM()的应用结果

（2）求平均值函数 AVERAGE()的应用。在“总成绩”列后增加一列“平均成绩”，即在 G1 单元格中输入平均成绩，单击选中 G2 单元格，然后在“公式”选项卡的“函数库”组中单击“自动求和”按钮右边的下拉按钮，在出现的下拉菜单中选择“平均值”，自动出现公式“=sum(C2:F2)”，在公式编辑栏中将 F2 改成 E2 后按【Enter】键，即在 G2 中求出李红 3 门考试的平均成绩。单击 G2 单元格，当鼠标指针变成实心黑色十字箭头时向下拖动至 G5 单元格松开，“平均成绩”列全部计算完毕，结果如图 3-11 所示。

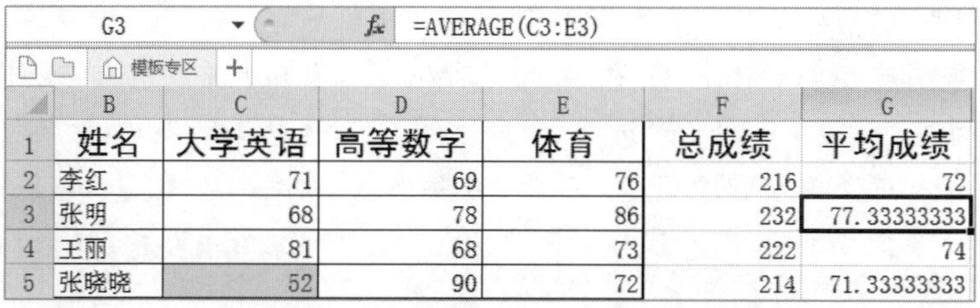

G3　=AVERAGE(C3:E3)

	B	C	D	E	F	G
1	姓名	大学英语	高等数字	体育	总成绩	平均成绩
2	李红	71	69	76	216	72
3	张明	68	78	86	232	77.33333333
4	王丽	81	68	73	222	74
5	张晓晓	52	90	72	214	71.33333333

图 3-11　函数 AVERAGE()的应用结果

（3）最大值函数 MAX()的应用。在 B6 单元格中输入“最高成绩”，单击选中 C6 单元格，然后在“公式”选项卡的“函数库”组中单击“自动求和”按钮右边的下拉按钮，在出现的下拉菜单中选择“最大值”，自动出现公式“=MAX(C2:C5)”，按【Enter】键，即在 C6 中求出“大学英语”考试中的最高成绩。单击 C6 单元格，当鼠标指针变成实心黑色十字箭头时向右拖动至 E6 单元格松开，3 门考试的“最高成绩”就全部计算完毕，结果如图 3-12 所示。

D6 =MAX(D2:D5)

	B	C	D	E
1	姓名	大学英语	高等数字	体育
2	李红	71	69	76
3	张明	68	78	86
4	王丽	81	68	73
5	张晓晓	52	90	72
6	最高成绩	81	90	86

图 3-12　函数 AVERAGE()的应用结果

（4）最小值函数 MIN()的应用。在 B7 单元格中输入“最低成绩”，单击选中 C7 单元格，然后在“公式”选项卡的“函数库”组中单击“自动求和”按钮右边的下拉按钮，在出现的下拉菜单中选择“最小值”，自动出现公式“=MIN(C2:C6)”，在公式编辑栏将 C6 改成 C5，按【Enter】键，即在 C7 中求出“大学英语”考试中的最低成绩。单击 C7 单元格，当鼠标指针变成实心黑色箭头时向右拖动至 E7 单元格松开，3 门考试的“最低成绩”就全部计算完毕，结果如图 3-13 所示。

D7 =MIN(D2:D5)

	B	C	D	E
1	姓名	大学英语	高等数字	体育
2	李红	71	69	76
3	张明	68	78	86
4	王丽	81	68	73
5	张晓晓	52	90	72
6	最高成绩	81	90	86
7	最低成绩	52	68	72

图 3-13　函数 MIN()的应用结果

（5）计数函数 COUNT()的使用。在 B8 单元格中输入“学生人数”，单击选中 C8 单元格，然后在“公式”选项卡的“函数库”组中单击“自动求和”按钮右边的下拉按钮，在出现的下拉菜单中选择“计数”，自动出现公式“=COUNT(C2:C7)”，在公式编辑栏将“C2:C7”改成“C2:C5”，按【Enter】键，即在 C8 中求出“学生人数”。

3．高级函数的使用

在这里仍然使用“成绩单”表。

（1）条件计数函数 COUNTIF()的使用。选中单元格 B6，在单元格中输入“大于 70 分的人数”，单击选中 C6 单元格，然后在“公式”选项卡的“函数库”组中单击“插入函数”，在打开的“插入函数”对话框中，选择函数 COUNTIF，打开“函数参数”对话框，在 Range 栏中选中选择条件计数的区域 C2:C5，在 Criteria 栏中输入条件“>70”（注意一定是英文小写状态输入），然后单击“确定”按钮，如图 3-14 所示。

（2）条件函数 IF()的应用。在“成绩单”表中单击选中 F1 输入“大学英语及格否”，选中单元格 F2，单击“插入函数”，在“插入函数”对话框中选择函数 IF，打开“函数参数”对话框，在判断条件 Logical_test 栏中输入“C2>=60”，在满足条件的返回值 Value_if_true 栏中输入“及格”，在不满足条件返回值 Value_if_false 栏中输入“不及格”，单击“确定”按钮，如图 3-15 所示。

单击 F2 单元格，当光标指针变成十字箭头时向下拖动至 F5，运行结果如图 3-16 所示。

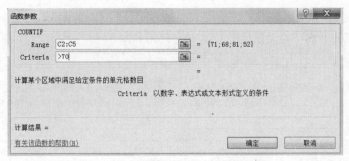

图 3-14　函数 COUNTIF()参数设置

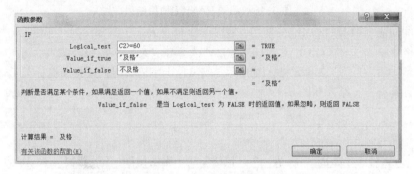

图 3-15　函数 IF()参数设置

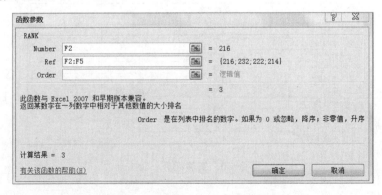

图 3-16　函数 IF()使用结果

（3）排名函数 RANK( )的应用。在"总成绩"列后增加"总成绩排名"列，选中 G2 单元格，插入函数 RANK，在"函数参数"对话框中，在要查排名的数据 Number 栏中输入 F2，在参与排名数据的范围栏 Ref 中输入 F2:F5，如在设定排序方式栏中不输入值，代表着降序排列，单击"确定"按钮，参数设置如图 3-17 所示。

图 3-17　函数 RANK()参数设置

由于排名数据范围是一定的，所以此时要采用绝对引用，选中 G2 单元格，在编辑栏中，将

公式 "=RANK(F2,F2:F5)" 改成 "=RANK(F2,$F$2:$F$5)", 按【Enter】键。选择 G2 单元格, 当光标变成黑色十字箭头时向下拖动鼠标至 G5, 排名结果如图 3-18 所示。

	G4	▼		fx	=RANK (F4, $F$2:$F$5)	

模板专区	+					
	B	C	D	E	F	G
1	姓名	大学英语	高等数字	体育	总成绩	总成绩排名
2	李红	71	69	76	216	3
3	张明	68	78	86	232	1
4	王丽	81	68	73	222	2
5	张晓晓	52	90	72	214	4
6	大于70的人数	2				

图 3-18　函数 RANK ()使用结果

（4）时间间隔函数 DATEDIF()的使用。在"学生信息表"中添加一列"年龄", 选中 G2 单元格, 在单元格中输入 "=DATEDIF(E2,TODAY(),"y")" 单击"确定"按钮, G2 单元格中就计算出了该同学的年龄。然后选择 G2 单元格, 当光标变成黑色十字箭头时向下拖动鼠标至 G5, 就将所有学生的年龄计算完毕, 结果如图 3-19 所示。

	G3	▼		fx	=DATEDIF (E3, TODAY (), "y")	

模板专区	+						
	A	B	C	D	E	F	G
1	学号	姓名	院系	班级	出生日期	籍贯	年龄
2	201807101	李红	计算机学院	通信工程18-01	1999年12月6日	河南省郑州市	19
3	201807102	张明	计算机学院	通信工程18-01	2000年4月5日	河南省郑州市	19
4	201807103	王丽	计算机学院	通信工程18-01	1999年11月20日	北京市	19
5	201807104	张晓晓	计算机学院	通信工程18-01	2000年7月25日	上海市	18

图 3-19　函数 DATEDIF()的应用结果

至此, 本实验告一段落, 请保存后正常关闭 Excel 2010。认真思考总结实验过程和收获, 以便完成下面的实验。

五、实验要求

任务一

制作图 3-20 所示表格。

	A	B	C	D	E	F	G	H
1	学生成绩表							
2	姓名	课程名称				平均成绩	总成绩	名次
3		高等数字	英语	程序设计	汇编语言			
4	王涛	89	92	95	96	93	372	1
5	李阳	78	89	84	88	84.75	339	3
6	杨利伟	67	74	53	79	68.25	273	5
7	孙书方	86	87	95	89	89.25	357	2
8	郑鹏腾	53	76	69	54	63	252	6
9	徐巍	69	86	59	77	72.75	291	4
10	最高分	89	92	95	96			
11	最低分	53	74	53	54			
12	不及格人数	1	0	2	1			
13	不及格比例	16.67%	0.00%	33.33%	16.67%			

图 3-20　实验任务一表格

操作要求：

（1）制作标题：A1 单元格中输入"学生成绩表", 将其设置成楷体, 加粗, 18 号, 然后将 A1 至 H1 单元格合并并居中。

（2）基本内容的输入：输入 A2:A13 列、B2:E9 矩形框、F2:H2 各个单元格的内容。F2:F3、G2:G3、H2:H3 单元格区域分别合并居中。

（3）函数的应用。利用函数求得各单元格中所需数据，例如：

F4：= AVERAGE(B4:E4)，利用填充柄拖动，得出 F5:F9 的数据。

G4：=SUM(B4:E4)，利用填充柄拖动，得出 G5:G9 的数据。

H4：=RANK(G4,$G$4:$G$9)，利用填充柄拖动，得出 H5:H9 的数据。

B10：=MAX(B4:B9)，利用填充柄拖动，得出 C10:E10 的数据。

B11：=MIN(B4:B9)，利用填充柄拖动，得出 C11:E11 的数据。

B12：=COUNTIF(B4:B9,"<60")，利用填充柄拖动，得出 C12:E12 的数据。

B13：=B12/COUNT(B4:B9)，利用填充柄拖动，得出 C13:E13 的数据，并设置比例为百分比形式，且只有两位小数。

任务二

操作要求：

（1）制作图 3-21 所示的表格。

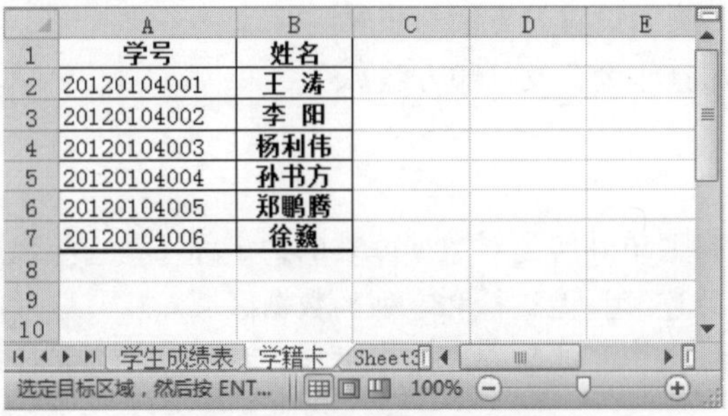

图 3-21　实验任务二表格

（2）在"学生成绩表"插入一新列"学号"，选定工作表"学生成绩表"中用于记录学生学号的单元格 A4，插入"="号，然后分别单击"学籍卡"及其中的 A2 单元格，可以看到在地址栏中显示出"=学籍卡!A2"，然后按【Enter】键即可完成不同工作表中单元格的引用操作，然后用填充柄将 A5 至 A9 自动填充即可。

（3）合理地调整表格外框线的位置，结果如图 3-22 所示。

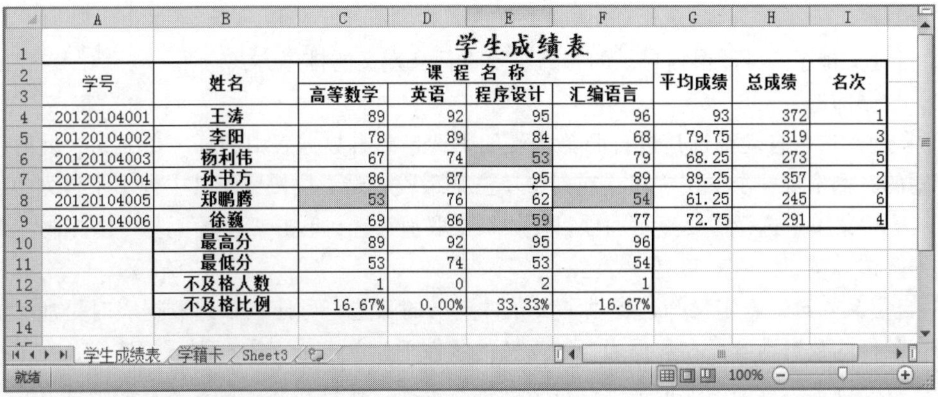

图 3-22　实验任务二操作结果

实验三 数据分析与图表创建

一、实验学时

2 学时。

二、实验目的

（1）掌握快速排序、复杂排序及自定义排序的方法。

（2）掌握自动筛选、自定义筛选和高级筛选的方法。

（3）掌握分类汇总的方法。

（4）掌握合并计算的方法。

（5）掌握各种图表，如柱形图、折线图、饼图等的创建方法。

（6）掌握图表的编辑及格式化的操作方法。

（7）掌握迷你图的处理方法。

（8）掌握 Excel 文档的页面设置的方法与步骤。

（9）掌握 Excel 文档的打印设置及打印方法。

三、相关知识

在 Excel 2010 中，数据清单其实是对数据库表的约定称呼，它与数据库一样，同样是一张二维表，它在工作表中是一片连续且无空行和空列的数据区域。

Excel 2010 支持对数据清单（或数据库表）进行分类汇总、合并计算和创建数据透视表等各项数据管理操作。

1. 数据管理

（1）数据排序。

① 快速排序。如果只对单列进行排序，首先单击所要排序字段内的任意一个单元格，然后单击"数据"选项卡"排序和筛选"组中的升序按钮 ▲↓ 或降序按钮 ▼↓，则数据表中的记录就会按所选字段为排序关键字进行相应的排序操作。

② 复杂排序。复杂排序是指通过设置"排序"对话框中的多个排序条件对数据表中的数据内容进行排序。

③ 自定义排序。可以根据自己的特殊需要进行自定义的排序方式。

（2）数据筛选。

① 自动筛选。自动筛选是进行简单条件的筛选，单击数据表中的任一单元格，此时，在每个列标题的右侧出现一个下拉按钮，在列中单击某字段右侧下拉按钮，其中列出了该列中的所有项目，从下拉菜单中选择需要显示的项目。如果要取消筛选，单击"数据"选项卡"排序和筛选"组中的"筛选"按钮。

② 自定义筛选。自定义筛选提供了多条件定义的筛选，可使在筛选数据表时更加灵活，筛选出符合条件的数据内容。在数据表自动筛选的条件下，单击某字段右侧下拉按钮，在下拉列表中单击"数字筛选"选项，并单击"自定义筛选"选项，在打开的"自定义自动筛选方式"对话框中填充筛选条件。

③ 高级筛选。高级筛选是以用户设定的条件对数据表中的数据进行筛选，可以筛选出同时满足两个或两个以上条件的数据。首先在工作表中设置条件区域，条件区域至少为两行，第一行为字段名，第二行以下为查找的条件。设置条件区域前，先将数据表的字段名复制到条件区域的第一行单元格中，当作查找时的条件字段，然后在其下一行输入条件。同一条件行不同单元格的条件为"与"逻辑关系，同一列不同行单元格中的条件互为"或"逻辑关系。条件区域设置完成后进行高级筛选。

（3）分类汇总。

在对数据进行排序后，可根据需要进行简单分类汇总和多级分类汇总。

首先对分类字段进行排序，使相同的记录集中在一起。

单击数据表中的任一单元格。在"数据"选项卡下"分级显示"区域中单击"分类汇总"按钮，打开"分类汇总"对话框，如图 3-23 所示。

图 3-23　"分类汇总"对话框

分类字段：选择分类排序字段。

汇总方式：选择汇总计算方式，默认汇总方式为"求和"。

选定汇总项：选择与需要对其汇总计算的数值列对应的复选框。

2．图表创建与编辑

Excel 2010 通过创建图表可以更加清楚地说明各数据之间的关系和数据之间的变化情况，方便对数据进行对比和分析。在 Excel 2010 中，只需选择图表类型、图表布局和图表样式，便可以很轻松地创建具有专业外观的图表。

（1）图表的基本概念及创建。

图表由图表区和绘图区组成。图表区指整个图表的背景区域。

绘图区是用于绘制数据的区域。

数据系列是在图表中绘制的相关数据点，这些数据源自数据表的行或列。图表中的每个数据系列具有唯一的颜色或图案并且在图表的图例中表示。可以在图表中绘制一个或多个数据系列。饼图只有一个数据系列。

坐标轴是用来界定图表绘图区的线条，用作度量的参照框架。x 轴通常为水平轴并包含分类，y 轴通常为垂直坐标轴并包含数据。

图表标题是说明性的文本，可以自动与坐标轴对齐或在图表顶部居中。

数据标签是为数据标记提供附加信息的标签，数据标签代表源于数据表单元格的单个数据点或值。

图例是一个方框，用于标志图表中的数据系列或分类指定的图案或颜色。

图表创建，首先要指定需要用图表表示的单元格区域，即图表数据源；然后选定图表类型；再根据所选定的图表格式，指定一些项目，如图表的方向、图表的标题、是否要加入图例等；最后设置图表位置，可以直接嵌入原工作表中，也可以放在新建的工作表中。

（2）图表编辑。

① 设置图表"设计"选项。

- 图表的数据编辑。
- 数据行/列之间快速切换。
- 选择放置图表的位置。
- 图表类型与样式的快速改换。

② 设置图表"布局"选项。

- 设置图表标题。
- 设置坐标轴标题。
- 在图表工具"布局"选项卡的"标签"组中设置图表中添加、删除或放置图表图例、数据标签、数据表。
- 单击图表工具"布局"选项卡"插入"组中的下拉按钮，在展开的列表中可以对图表进行插入图片、形状和文本框的相关设置。
- 设置图表的背景、分析图和属性。

③ 设置图表元素"格式"选项。

（3）快速突显数据的迷你图。

Excel 2010 提供了全新的"迷你图"功能，利用它，仅在一个单元格中便可绘制出简洁、漂亮的小图表，并且数据中潜在的价值信息也可以醒目地呈现在屏幕之上。

3．打印工作表

完成对工作表的数据输入、编辑和格式化工作后，就可以打印工作表了。在 Excel 2010 中，表格的打印设置与 Word 文档中的打印设置有很多相同的地方，但也有不同的地方，如打印区域的设置、页眉和页脚的设置、打印标题的设置及打印网格线和行号、列号等。

如果只想打印数据库某部分数据，可以先选定要打印输出的单元格区域，再将其设置为"打印区域"，执行打印命令后，就可以实现只打印被选定的内容了。

如果想在每一页重复地打印出表头，只需在"打印标题"区的"顶端标题行"编辑栏输入或用鼠标选定要重复打印输出的行即可。

打印输出之前需要先进行页面设置，再进行打印预览，当对编辑的效果感到满意时，就可以正式打印工作表了。

四、实验范例

1．数据排序

在这里利用"学生信息表"进行数据排序。

（1）选择数据表区域，在"开始"选项卡"编辑"组中单击"排序和筛选"按钮，出现"排序"窗口。

（2）在"排序"窗口中，选择"主要关键字"为"年龄"，"排序依据"为"数值"，"次序"选择"降序"。因为年龄会有相同的，所以单击"添加条件"，添加"次要关键字"，选择"出生日期"，"次序"选择"升序"，设置如图 3-24 所示。

（3）排序结果如图 3-25 所示。

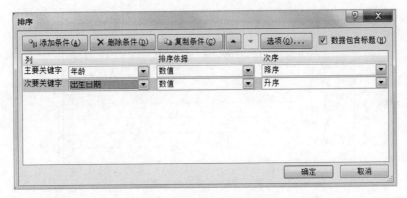

图 3-24　排序条件设置

	A	B	C	D	E	F	G
1	学号	姓名	院系	班级	出生日期	籍贯	年龄
2	201807103	王丽	计算机学院	通信工程18-01	1999年11月20日	北京市	19
3	201807101	李红	计算机学院	通信工程18-01	1999年12月6日	河南省郑州市	19
4	201807102	张明	计算机学院	通信工程18-01	2000年4月5日	河南省郑州市	19
5	201807104	张晓晓	计算机学院	通信工程18-01	2000年7月25日	上海市	18

图 3-25　排序结果

2．数据筛选

使用"成绩单"表进行筛选练习。

（1）选中数据表区域，在"排序和筛选"下拉框中单击"筛选"，这时，数据表中每一列名右边都出现一个下拉按钮。

（2）单击"姓名"旁边的下拉按钮，打开筛选对话框，在"文本筛选"文本框中输入"李"，如图 3-26 所示。

筛选结果如图 3-27 所示。

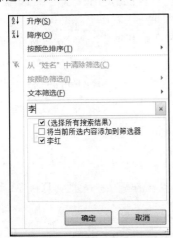

图 3-26　筛选条件的选择

图 3-27　筛选结果

（3）如果放弃筛选，只需再次单击"筛选"就可以回复到筛选之前的状态。

3．插入图表

在已有表格"成绩单"中插入图表。"成绩单"表如图 3-28 所示。

	B	C	D	E
1	姓名	大学英语	高等数字	体育
2	李红	71	69	76
3	张明	68	78	86
4	王丽	81	68	73
5	张晓晓	52	90	72
6	孙芳芳	78	85	96
7	刘明宇	60	92	98
8	华珊珊	96	80	85

图 3-28 "成绩单"表

（1）选中数据表区域，然后在"插入"选项卡"图表"中单击"柱形图"下拉列表中的"三维柱形图"。选择数据区域时注意，一般最左列的数据作为 X 轴坐标，右列的数据作为 Y 轴坐标。生成图 3-29 所示图形。

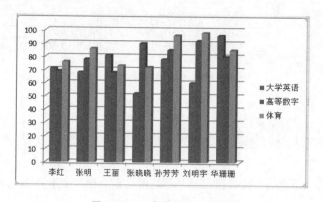

图 3-29 "成绩单"柱形图

（2）单击选中图形，出现"图表工具"选项卡，在"布局"中单击"图表标题"，选择"图表上方"，即在图表上方设置图表标题，单击"坐标轴标题"，即可设置横纵坐标轴标题，还可以设置图形的背景等等格式。而在"格式"选项卡下，可以进行"形状填充""形状轮廓""形状效果"等格式的设定。

完成后，保存文件，关闭并退出 Excel 2010。请认真总结实验过程和所取得的收获，以便完成下面的实验。

五、实验要求

任务一

制作"成绩统计表"，如图 3-30 所示。数据来源于同一个工作簿中"大学计算机""程序设计""英语" 3 个表格，如图 3-31 所示。

操作要求：

（1）表题采用 22 磅加粗黑体。

（2）表中数据采用引用的方式获得，以便保证数据的实时更新。

（3）使用公式计算每个人的"平均成绩"和每门课程的"最高分"。

（4）统计大学计算机的良好率，良好成绩为大于等于 75 且小于等于 85 的成绩。

（5）以每门课程的“最高分”为数据，生成“三维簇状柱形图”。

成绩统计表					
学号	姓名	大学计算机	程序设计	英语	平均成绩
最高分					
良好率					

图 3-30　“成绩统计表”格式

	A	B	C
1	2004401118	王国朋	45
2	2005401101	曹子建	82
3	2005401104	杜再翼	63
4	2005401105	段长伟	57
5	2005401107	郭树堂	55
6	2005401108	郭晓宇	57
7	2005401110	何栋	77
8	2005401111	侯超强	81
9	2005401113	黄小伟	44
10	2005401117	李鹏	49

大学计算机 / 程序设计 / 英语

	A	B	C
1	2004401118	王国朋	43
2	2005401101	曹子建	81
3	2005401104	杜再翼	79
4	2005401105	段长伟	78
5	2005401107	郭树堂	77
6	2005401108	郭晓宇	85
7	2005401110	何栋	59
8	2005401111	侯超强	49
9	2005401113	黄小伟	84
10	2005401117	李鹏	77

大学计算机 / 程序设计 / 英语

D16　模板专区

	A	B	C
1	2004401118	王国朋	60
2	2005401101	曹子建	95
3	2005401104	杜再翼	92
4	2005401105	段长伟	95
5	2005401107	郭树堂	53
6	2005401108	郭晓宇	58
7	2005401110	何栋	81
8	2005401111	侯超强	75
9	2005401113	黄小伟	40
10	2005401117	李鹏	83

大学计算机 / 程序设计 / 英语

图 3-31　3 个表格中的数据

任务二

制作图 3-32 所示表格“新生报到情况表”。

1	新生报到情况表					
2	专业	代码	应报到人数	实报到人数	报到比率（%）	报到比率名次
3	经济学	2008C1	120	113		
4	国际经济与贸易	2008C2	65	65		
5	财政学	2008C3	120	118		
6	金融学	2008C4	120	116		
7	会计学	2008C5	150	123		
8	工商管理	2008C6	120	110		
9	人力资源管理	2008C7	68	55		
10	旅游管理	2008C8	65	55		
11	统计学	2008C9	60	52		
12	农林经济管理	2008C10	58	45		
13	工程管理	2008C11	63	60		
14	财务管理	2008C12	100	98		
15	公共事业管理	2008C13	60	54		
16	信息管理	2008C14	63	62		
17	总数					
18	报到比率低于95%的专业数					

图 3-32　新生报到情况表

操作要求：

（1）用公式计算"报到比率"（实报到人数除以应报到人数后乘以 100，保留两位小数）、"报到比率低于 95% 的专业数"和"报到比率名次"（排位方式为降序）。

（2）以"应报到人数"和"实报到人数"为数据生成"簇状柱形图"，其中 X 分类轴为"代码"项的值。

（3）以"报到比率"项的值降序排列。

实验四 拓展应用：数据透视表与数据透视图

一、实验学时

2 学时。

二、实验目的

（1）掌握创建数据透视表的方法。
（2）利用数据透视表得到分析结果。
（3）掌握创建数据透视图的方法。

三、相关知识

数据透视表是 Excel 2010 中最有技术性的组件之一，它能够将数据的筛选、排序和分类汇总等操作依次完成，并生成汇总表格，是 Excel 2010 强大数据处理能力的具体体现。

1．创建数据透视表

（1）打开"数据透视表"设置框。在有数据的区域内单击任一单元格，以确定要用哪些数据来创建数据透视表。然后，单击"插入"选项卡下"数据透视表"，打开"数据透视表"设置框。

（2）选择放置数据透视表的位置。从打开的对话框看，它已确定出了要用哪些数据区域来创建数据透视表，根据需要修改。然后选择要将数据透视表摆放到什么位置，在"放置数据透视表的位置"下进行选择即可。如果数据很少，可选择本工作表，这样，还可随时查看到源数据。选择"现有工作表"，单击"位置"后的展开按钮，可以指定一个单元格，这样，透视表将从这里开始创建。单击"确定"按钮即可。

2．数据透视表的应用

（1）添加统计字段：右击要统计的数据，从弹出的快捷菜单中选择"添加到值"命令，可添加统计值。

（2）按不同方式进行统计，并进行排序。

（3）删除、添加字段。

3．创建数据透视图

Excel 2010 数据透视图是数据透视表的更深一层次应用，它可将数据以图形的形式表示出来。首先，单击"数据透视表"下的"选项"；然后，单击"数据透视图"，生成数据透视图。

四、实验范例

1. 创建数据透视表

（1）已有创建好的数据表"一季度销售报表"，如图 3-33 所示。

	A	B	C	D	E	F	G	H
1	序号	月份	销售员	品牌	库房	单价（元）	数量（台）	销售额（元）
2	1	一月	张华玉	海信	仓库A	3268	65	212420
3	2	一月	李小明	海信	仓库A	2169	127	275463
4	3	一月	王常东	海信	仓库A	6198	11	68178
5	4	一月	张华玉	TCL	仓库B	5119	36	184284
6	5	二月	张华玉	创维	仓库C	4688	82	384416
7	6	二月	李小明	创维	仓库C	2198	115	252770
8	7	二月	赵兵	TCL	仓库B	1988	54	107352
9	8	三月	张华玉	康佳	仓库C	3666	83	304278
10	9	三月	王常东	TCL	仓库B	5668	15	85020
11								

一季度销售报表　Sheet2　Sheet3

图 3-33　一季度销售报表

（2）在有数据的区域内单击任一单元格（如 C5），以确定要用哪些数据来创建数据透视表。单击"插入"选项卡中的"数据透视表"，出现"创建数据透视表"，选择一个表或区域，这里自动将全数据表区域都选入了，下面选择放置数据透视表的位置，由于本表不大，选择"现有工作表"单选按钮，在"位置"中选择一个单元格作为透视表开始的位置，设置如图 3-34 所示。生成数据透视表如图 3-35 所示。

2. 数据透视表的应用

（1）统计各销售员的总销售额。在本表中，要统计的数据是销售额，因此，右击"销售额（元）"，从弹出的快捷菜单中选择"添加到值"命令，结果如图 3-36 所示。

（2）统计各种品牌电视机的总销售额。首先，删除原销售员字段，在行标签下，单击"销售员"旁边的下拉按钮，在弹出的快捷菜单中选择"删除字段"命令。然后在右侧选择要添加到报表中的字段"品牌"，结果如图 3-37 所示。

图 3-34　"创建数据透视表"对话框

图 3-35　"创建数据透视表"生成结果

行标签	求和项：销售额（元）
李小明	528233
王常东	153198
张华玉	1085398
赵兵	107352
总计	1874181

图 3-36　统计各销售员的总销售额的结果

行标签	求和项：销售额（元）
TCL	376656
创维	637186
海信	556061
康佳	304278
总计	1874181

图 3-37　按品牌统计销售额的结果

（3）统计各销售员销售各种品牌电视机的数量。在右侧选择要添加到报表的字段中选择"销售员""品牌""数量"，结果如图 3-38 所示。

（4）按销售数量、销售员排序。在右边选择要添加到报表的字段"销售员"和"数量"，单击左边"行标签"旁边的下拉按钮，选择"其他排序选项"，选择"降序排序"栏中"求和项：数量（台）"，单击"确定"按钮，排序结果如图 3-39 所示。

3. 数据透视图

单击"数据透视表"下面的"选项"，单击"数据透视图"，在右边选择要添加到报表的字段"销售员""销售额"，结果如图 3-40 所示。

完成后，保存文件，关闭并退出 Excel 2010。请认真总结实验过程和所取得的收获，以便完成下面的实验。

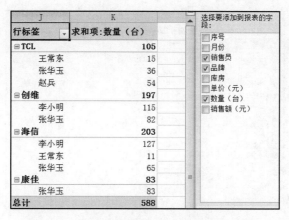

图 3-38 各销售员销售各种品牌电视机的数量

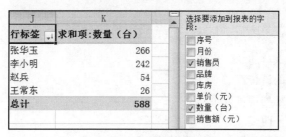

图 3-39 排序结果

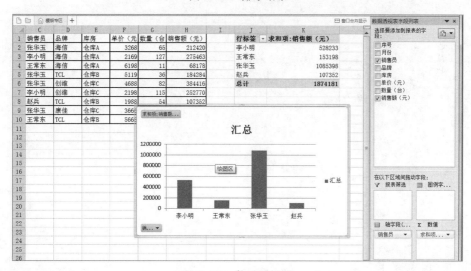

图 3-40 数据透视图

五、实验要求

任务

建立图 3-41 所示表格"四季度销售统计"表。

	A	B	C	D	E
1	地区	销售人员	销售日期	销售额（万元）	定单号
2	华北	赵利明	10月	1320	1011
3	华北	赵利明	10月	1652	1012
4	华南	张岚	10月	2120	1013
5	华中	杨树立	10月	1962	1014
6	华中	杨树立	11月	1025	1015
7	华南	张岚	11月	1312	1016
8	华中	王照	11月	1519	1017
9	华南	李同	11月	3306	1018
10	华北	赵利明	11月	956	1019
11	华中	杨树立	12月	769	1020
12	华中	张岚	12月	532	1021
13	华北	赵利明	12月	465	1022
14	华南	李同	12月	615	1023

四季度销售统计　Sheet2　Sheet3

图 3-41　四季度销售统计表

操作要求：

在"四季度销售统计表"中用数据透视表和透视图完成以下要求：

（1）统计每个销售人员的总销售额。

（2）统计特定地区的销售额。

（3）按销售额降序排列销售人员。

（4）统计特定期间的明细。

（5）制作以月份和销售额为数据的数据透视图。

第 4 章　演示文稿制作软件

PowerPoint 2010

演示文稿制作软件 PowerPoint 是一款专门用来制作演示文稿的应用软件，也是 Microsoft Office 系列软件中的重要组成部分。使用 PowerPoint 可以制作出集文字、图形、图像、声音以及视频等多媒体元素为一体的演示文稿，让信息以更轻松、更高效的方式表达出来。本章将学习演示文稿的创建与修饰和演示文稿的动画。

实验一　演示文稿的创建与修饰

一、实验学时

2 学时。

二、实验目的

（1）掌握创建新的演示文稿的步骤。

（2）掌握修改演示文稿中的文字及在演示文稿中插入图片。

（3）掌握在演示文稿中应用模板。

（4）掌握在演示文稿上自定义动画。

（5）了解如何在演示文稿上插入声音。

（6）掌握使用超链接。

（7）掌握演示文稿的放映置。

三、相关知识

Microsoft 公司推出的 PowerPoint 2010 办公软件除了拥有全新的界面外，还添加了许多新功能，使软件应用更加方便快捷。PowerPoint 2010 在继承了旧版本优秀特点的同时，还调整了工作环境及工具按钮，从而使操作更加直观和便捷。此外，PowerPoint 2010 还新增了以下功能和特性。

（1）面向结果的功能区。

（2）取消任务窗格功能。

（3）增强的图表功能。

（4）专业的 Smart Art 图形。

（5）方便的共享模式。

作为初用者，怎样制作出一个比较好用的 PowerPoint（以下简称 PPT）演示文稿？有哪些需要注意的地方？根据实践经验，提出以下建议。

1．每张幻灯片的内容不要太多

初学者使用 PPT 最容易犯的毛病就是将其代替黑板，把所要讲授的全部内容都放在 PPT 上。这样做看起来，制作比较方便，同时又不容易遗漏内容，有利于演示者照本宣科。但是，PPT 不是教材，也不是黑板。不要期望将所要讲授的内容都放在 PPT 上，这样做不利于观众接收全部信息。看起来字体密密麻麻，观众难以在有限时间内容掌握全部内容，不利于突出重点，更不容易做笔记。因此，在制作 PPT 时，尽量突出重点、简明扼要，有时如果能将一句话中的几个要点突出出来，效果更好。往往有这样的情况，演讲者在演讲过程中可能会用到一些数据和引文，这些内容在演讲者演讲时可能要用到，就可以将其放在备注页中。在放映过程中右击，在弹出的快捷菜单中选择"备注页"命令即可。为使内容不致过于拥挤，要注意设置好行距。

2．注意颜色的搭配

幻灯片是背景与文字、图片、图表的组合。选用科学合理的颜色搭配有助于制作出赏心悦目的幻灯片。但大多数人并不一定具有色彩学的基础知识。最简单的方法是使用幻灯片自带的配色方案。但由于配色方案是统一的格式，用的人多了，难免会显得千篇一律。为了制作出具有个性特点的幻灯片，就需要对幻灯片的背景、文字等进行具体的设计。在实际制作的过程中，不少用户在配色方案中使用不当，存在一些不太合理的问题。归纳起来要注意以下几个问题。

（1）过于鲜明的色彩。在背景中使用过于鲜明的色彩会使观众的视觉产生较大的刺激，难以产生愉悦的感觉。例如黑色、大红或蓝等颜色往往容易给人以较强烈的视觉影响。

（2）注意文字与图表（内容）与背景的色彩搭配。为使幻灯片的内容看起来清晰，背景与内容的颜色搭配不能采用深、深搭配或浅、浅搭配。如深红、黑色、深蓝等不能构成背景与内容的搭配，同时浅黄与浅蓝、白色由于色差不够大也不能构成背景与内容的搭配。

不合理的搭配首先是导致文字不清晰，让人看不清楚；其次是让人看了不舒服。特别要注意的是用显示器显示可以看清楚的幻灯片在使用投影仪显示时由于存在一定的颜色失真显示出来效果并不好，有时甚至根本看不清楚。

3．注意避免不当的动画与声音安排

在幻灯片中适当添加动画可以增加趣味性，同时便于增强观众的印象。但一般说来，如果不是自动播放，一般不要设置动画和声音。特别是在演讲者边演讲边放映时，设置动画和声音会干扰演讲者的演讲效果。在需要设置动画时，应该注意以下两点。

（1）标题一般不应设置成动画效果。标题一旦设置成动画效果，首先展现在观众面前的将是一个空白的幻灯片，然后再通过动画将标题展现出来，给人一种浪费时间的感觉。标题设置成动画也不利于突出重点。

（2）慎用单字飘入方式。因为单字飘入节奏较慢，不利于快节奏的演讲。

（3）如果是专为演讲制作的幻灯片最好不加入声音。如果需要加入声音时，也要力避那些过

于强烈和急促的声音。如果在自动播放时能够根据演讲内容自选音乐放入其中是最好的选择。

4．注意适当增加图表、漫画和表格的使用

图表和表格有利于用较少的空间集中表现所要表现的内容。有了图表和表格仅需配以较少的文字就可以达到很好的效果。另外，根据适当的内容配以少量的漫画、卡通或照片有利于调动观众的兴趣，增强演讲效果。但要注意不可在每张上添加过多，否则容易喧宾夺主，影响效果。另外，在选择照片或图片时，要注意图片与所表现的内容具有相关性。

5．关于默认排版的几个问题

PowerPoint 中提供了大量的文档模板，初学者可以在其中进行挑选。它的好处是可以减少制作者自行设计母版的工作，用较少的时间和精力制作出较为满意的 PPT 演示文稿。但在实际使用中也有以下几点值得注意。

（1）改造模板的默认版式。

（2）注意尽可能根据内容变换幻灯片的版面布局。

（3）可以根据自身的需要锁定它的大小，指定它的位置。

（4）幻灯片除有默认版式以外，还有"幻灯片的设计"的默认格式。

总之，一个较好的 PPT 演示文稿并不在于它的制作技术有多高，动画做得多精美，最关键的还是要实用。实用的标准就是以下几点。

（1）内容突出，言简意赅。

（2）字体内容清晰，一目了然。

（3）制作简便，省时省力。

真正要使用 PPT 制作出一个较为满意的幻灯片，需要有一个较长期的摸索与实践的过程。

四、实验范例

1．创建演示文稿

新建演示文稿的方式有多种：用内容提示向导建立演示文稿，系统提供了包含不同主题、建议内容及其相应版式的演示文稿示范，供用户选择；用模板建立演示文稿，可以采用系统提供的不同风格的设计模板，将它套用到当前演示文稿中；用空白演示文稿的方式创建演示文稿，用户可以不拘泥于向导的束缚及模板的限制，发挥自己的创造力制作出独具风格的演示文稿。

（1）新建演示文稿。

启动 PowerPoint 2010 后，系统会自动新建一个空白演示文稿，用户可以直接利用此空白演示文稿工作。

用户也可以自行新建，具体操作步骤如下：

单击窗口左上角的"文件"按钮，在弹出的命令项中选择"新建"，系统会显示"新建演示文稿"窗口，如图 4-1 所示。在该对话框中用户可以按照"可用的模板和主题"或者 Office.com 的内容来创建空白演示文稿。

① "可用的模板和主题"。

a. 空白演示文稿。系统默认的是"空白演示文稿"。这是一个不包含任何内容的空白演示文稿。推荐初学者使用这种方法。

b. 样本模板。选择该项，在对话框中间的列表框中即可显示系统已经做好的模板样式。例如，都市相册、古典型相册、现代型相册、宣传手册、宽屏演示文稿、项目状态报告等。

c. 主题。单击该项，在对话框中间的列表框中即可显示系统自带的要创建的主题模板。例如，暗香扑鼻、跋涉、沉稳、穿越、顶峰等。

d. 我的模板。单击该项，用户可以通过对话框选择一个已经自己编辑好的模板文件。

e. 根据现有内容新建。单击该项，用户可以通过对话框选择一个已经做好的演示文稿文件作参考。

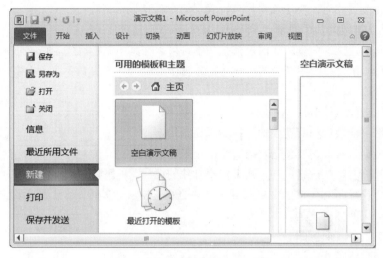

图 4-1 "新建演示文稿"窗口

② Office.com。在该项中，包括表单表格、日历、贺卡、幻灯片背景、学术、日程表等。单击任意一项，然后从对话框列表中选择一项，将其下载并安装到用户的系统中，当下次再使用时，就可以直接单击"创建"按钮了。

（2）保存和关闭演示文稿。

① 通过"文件"按钮。单击窗口左上角的"文件"按钮，在弹出的界面中选择"保存"命令，类似 Word、Excel 的相同操作，如果演示文稿是第一次保存，则系统会打开"另存为"对话框，由用户选择保存文件的位置和名称。需要注意，PowerPoint 2010 生成的文档文件的默认扩展名是.pptx，这是一个非向下兼容的文件类型，如果希望将演示文稿保存为使用早期的 PowerPoint 版本可以打开的文件，可以通过"文件"按钮，选择其中的"另存为"命令，在"保存类型"下拉列表中选择其中的"PowerPoint 97 – 2003 演示文稿"选项。

② 通过"快速访问工具栏"。直接单击"快速访问工具栏"中的"保存"按钮。

③ 通过键盘。按【Ctrl+S】组合键。

2．编辑演示文稿

（1）新建演示文稿。

在演示文稿中新建演示文稿的方法很多，主要有以下几种。

① 在大纲视图的结尾按【Enter】键。

② 选择"开始"→"新建幻灯片"命令。

用第一种方法，会立即在演示文稿的结尾出现一张新的幻灯片，该幻灯片直接套用前面那张幻灯片的版式；用第二种方法，会在屏幕上出现一个"Office 主题"下拉菜单，可以非常直观地选择所需版式。

（2）编辑、修改演示文稿。

选择要编辑、修改的演示文稿，选择其中的文本、图表、剪贴画等对象，具体的编辑方法和 Word 类似。

（3）插入和删除演示文稿。

① 添加新幻灯片。既可以在演示文稿浏览视图中进行，也可以在普通视图的大纲窗格中进行，其效果是一样的。

a. 选择需要在其后插入新幻灯片的演示文稿。

b. 直接按【Enter】键可直接添加一张与上一张幻灯片同版式的幻灯片；选择"开始"→"新建幻灯片"命令，在出现的"Office 主题"中选择一个合适的幻灯片版式直接单击即可完成插入。

② 删除演示文稿。

a. 在演示文稿浏览视图中或大纲视图中选择要删除的演示文稿。

b. 选择"开始"→"剪切"命令，或按【Delete】键。

c. 若要删除多张演示文稿，可切换到演示文稿浏览视图，按住【Ctrl】键并单击要删除的各演示文稿，然后按【Delete】键即可完成所选幻灯片的删除操作。

（4）调整演示文稿位置。

可以在除"演示文稿放映"视图以外的任何视图进行。

① 用鼠标选中要移动的演示文稿。

② 按住鼠标左键，拖动鼠标。

③ 将鼠标拖动到合适的位置后松手，在拖动的过程中，普通视图下有一条横线指示演示文稿的位置，在浏览视图中有一条竖线指示幻灯片的移动目标位。

此外，还可以用"剪切"和"粘贴"命令来移动演示文稿。

（5）为演示文稿编号。

演示文稿创建完后，可以为全部演示文稿添加编号，其操作方法如下：

① 单击"插入"→"幻灯片编号"按钮，出现图 4-2 所示对话框，进行相应的设置即可。

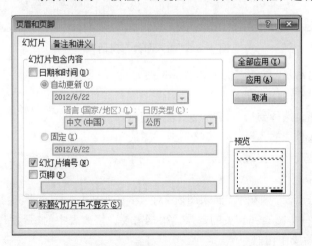

图 4-2　"页眉和页脚"对话框

② 在这个对话框中，还可为演示文稿添加备注信息。单击"备注和讲义"选项卡，为备注和讲义添加信息，如日期和时间等。

③ 根据需要，单击"全部应用"或"应用"按钮。

（6）隐藏幻灯片。

用户可以把暂时不需要放映的幻灯片隐藏起来。

① 单击"视图"选项卡中的"演示文稿视图"组中的"幻灯片浏览"按钮，单击要隐藏的幻灯片，右击并进行相应的"隐藏幻灯片"设置，该幻灯片右下角的编号上出现一条斜杠，表示该幻灯片已被隐藏起来。

② 若想取消隐藏幻灯片，则选中该幻灯片，再单击一次"隐藏演示文稿"按钮。

3．在演示文稿中插入各种对象

（1）插入图片和艺术字对象。

① 在普通视图中，选择要插入图片或艺术字的幻灯片。

② 根据需要，选择"插入"→"图像"组中合适的选项，如"图片"，找到自己想要的图片插入即可，如图 4-3 所示。

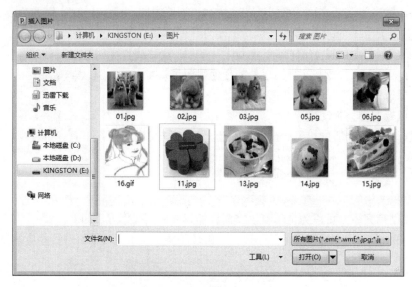

图 4-3 "插入图片"对话框

插入的对象处理以及工具使用情况和 Word 相似。

（2）插入表格和图表。

① 在普通视图中，选择要插入表格或图表的幻灯片。

② 根据需要，选择"插入"→"表格"或"图表"命令。

③ 如果插入的是表格，在对话框的"行"和"列"框中分别输入所需的表格行数和列数，对表格的编辑与 Word 中相似。

④ 如果插入的是图表，则显示"插入图表"对话框，如图 4-4 所示，同时启动 Microsoft Graph，在演示文稿上将显示一个图表和相关的数据，根据需要，修改表中的标题和数据，对图表的具体操作和 Excel 中图表的操作相似。

（3）插入层次结构图。

① 在普通视图中，选择要插入层次结构图的幻灯片。

② 选择"插入"→"插图"→SmartArt 命令。

③ 使用层次结构图的工具和菜单来设计图表，如图 4-5 所示。

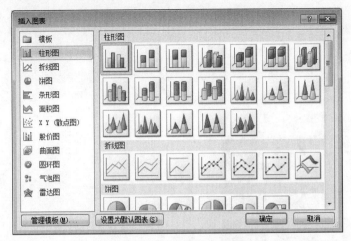

图 4-4　"插入图表"对话框

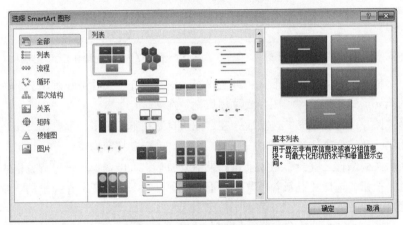

图 4-5　插入 SmartArt 图形

对于已插入对象的删除，可选中要删除的对象，然后按【Delete】键。

4．放映演示文稿

（1）选择要观看的幻灯片。

（2）选择"幻灯片放映"菜单中的"开始放映幻灯片"组内合适的选项即可开始放映。

（3）按鼠标左键连续放映幻灯片。

（4）按【Esc】键退出放映。

5．修改演示文稿背景

背景也是演示文稿外观设计中的一个部分，它包括阴影、模式、纹理、图片等。如果创建的是一个空白演示文稿，可以先为演示文稿设置一个合适的背景；如果是根据模板创建的演示文稿，当其和新建主题不合适时，也可以改变背景。根据前面的实验内容，准备 5 张演示文稿，内容自定，更改演示文稿的操作背景。

（1）新建一篇空白演示文稿，选择"设计"选项卡，在"背景"栏中单击"背景样式"按钮，打开图 4-6 所示的下拉列表。

（2）可以直接选中下拉列表中给出的背景样式，也可以选择"设置背景格式"选项，打开图4-7所示的对话框。

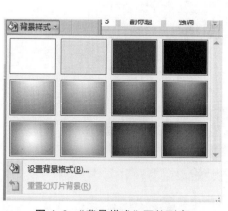

图4-6 "背景样式"下拉列表

图4-7 "设置背景格式"对话框

（3）在对话框中，有4种填充形式：纯色填充、渐变填充、图片或纹理填充和图案填充。选择一种需要的填充形式，如选择"图片或纹理填充"选项。

（4）选择"图片或纹理填充"选项后，在"插入自"栏下方单击"剪贴画"按钮，打开"选择图片"对话框，在该框中选择合适的剪贴画，单击"确定"按钮即可。

（5）在演示文稿编辑区就会看到效果，如果不太满意，可以选择"设置背景格式"对话框中的"图片颜色"按钮，选择"重新着色"按钮下的"预设"下拉按钮，在弹出的下拉列表中选择合适的一项即可，如图4-8所示。

图4-8 "重新着色"下拉列表

　　如果要将设置的背景应用于同一演示文稿中的所有演示文稿中，可以在背景设置完成后，单击"设置背景格式"对话框中的"全部应用"按钮。

　　如果要对同一演示文稿中的不同演示文稿设计不同的背景，只用选中该演示文稿，进行上述操作，不要单击"全部应用"按钮，直接"关闭"对话框即表示只对选中幻灯片进行该背景的应用。图 4-9 所示为对不同幻灯片应用不同的背景。

图 4-9　不同幻灯片应用不同的背景

五、实验要求

设计一个介绍中国传统节日（任意选择一个）的演示文稿。

操作要求：

（1）演示文稿不能少于 5 张。

（2）第一张演示文稿是"标题演示文稿"，其中副标题中的内容必须是本人的信息，包括姓名、专业、年级、班级、学号。

（3）其他演示文稿中要包含与题目要求相关的文字、图片或艺术字。

（4）除"标题演示文稿"之外，每张演示文稿上都要显示页码。

（5）选择至少两种"应用设计模板"或者"背景"对文件进行设置。

实验二　动画效果设置

一、实验学时

2 学时。

二、实验目的

（1）掌握如何在演示文稿上自定义动画。

（2）了解如何在演示文稿上插入声音和视频。

三、相关知识

在 PowerPoint 2010 中，用户可以通过"动画"选项卡中"动画"选项组中的命令为幻灯片上的文本、形状、声音和其他对象设置动画，这样就可以突出重点，控制信息的流程，并提高演示文稿的趣味性。

1. 快速预设动画效果

首先将演示文稿切换到普通视图方式，单击需要增加动画效果的对象，将其选中，然后单击"动画"菜单，可以根据自己的爱好，选择"动画"组中合适的效果项。如果想观察所设置的各种动画效果，可以单击"动画"菜单上的"预览"项，演示动画效果。

2. 自定义动画功能

在幻灯片中，选中要添加自定义动画的项目或对象，例如，以图 4-9 中第一张幻灯片左边的图形为例。单击"动画"选项组中的"添加动画"按钮，打开"添加动画"下拉列表，单击 "进入"类别中的"旋转"选项，结束自定义动画的初步设置，如图 4-10 所示。

为幻灯片项目或对象添加了动画效果以后，该项目或对象的旁边会出现一个带有数字的彩色矩形标志，此时用户还可以对刚刚设置的动画进行修改。例如，修改触发方式、持续时间等项。

当为同一张幻灯片中的多个对象设定动画效果以后，它们之间的顺序还可以通过"对动画重新排序"中的"向前移动"或"向后移动"命令进行调整。

图 4-10　添加自定义动画

3. 插入声音和视频

首先将自己想用做背景音乐的音频文件下载至计算机，然后单击"插入"选项卡"媒体"组中的"音频"按钮，选择"文件中的音频"，找到自己下载好的音频文件单击并单击"插入"按钮，即可将自己喜欢的音频文件作为背景音插入到幻灯片中。

插入影片文件的操作与插入音频基本一致，在"插入"选项卡的"媒体"组中单击"视频"按钮的下拉按钮，选择"文件中的视频""来自网站的视频""剪贴画视频"等选项。例如，选择添加"文件中的视频"，打开"插入视频文件"对话框，在选择要插入的视频文件后，系统会在幻灯片上会打开该视频文件的窗口，用户可以像编辑其他对象一样，改变它的大小和位置。可以通过"视频工具"对插入的视频文件的播放、音量等进行设置。完成设置之后，该视频文件会按前面的设置在放映幻灯片时播放。

4. 设置幻灯片切换效果

幻灯片的切换就是指当前幻灯片以何种形式从屏幕上退出，以及下一页以什么样的形式显示在屏幕上。设置幻灯片的切换效果，可以使幻灯片以多种不同的形式出现在屏幕上，并且可以在切换时添加声音，从而增加演示文稿的趣味性。可以为一组幻灯片设置同一种切换方式，也可以为每张幻灯片设置不同的切换方式。

（1）选择要设置切换方式的幻灯片，选择"切换"选项卡，在"切换到此换灯片"组中选择合适的切换效果，如图 4-11 所示。

图 4-11　"切换"选项卡

（2）然后可以在"切换"选项卡的"计时"选项中再选择切换的"声音"和"持续时间"，如"风铃"声，时间可以自定。如果在此设置中没有选择"全部应用"，则前面的设置只对选中的幻灯片有效。

5. 自定义对象效果

在 PowerPoint 中，除了快速地进行幻灯片切换动画外，还包括自定义动画。所谓自定义动画，是指为幻灯片内部各个对象设置的动画。

（1）选择幻灯片中需要设置动画效果的对象，选择"动画"选项卡。在"高级动画"组中选择"添加动画"下拉按钮，弹出下拉列表，如图 4-12 所示。

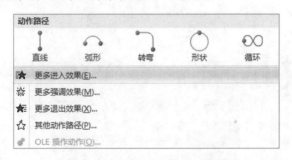

图 4-12　"添加动画"下拉列表

（2）单击"其他动作路径"，选择相应的动画效果即可。

在为演示文稿中的多个对象添加动画效果时，添加效果的顺序就是演示文稿放映时的播放次序。当演示文稿中的对象较多时，难免在添加效果时使动画次序产生错误，这时可以在动画效果添加完成后，再对其进行重新调整。

① 在"动画窗格"动画效果列表中，单击需要调整播放次序的动画效果。

② 单击窗格底部的"上移"按钮或"下移"按钮来调整该动画的播放次序。

③ 单击"上移"按钮表示可以将该动画的播放次序提前，单击"下移"按钮表示将该动画的播放次序向后移一位。

④ 单击窗格顶部的"播放"按钮即可以播放动画。

6. 设置超链接

在 Power Point 中，超链接是指从一张幻灯片到另一张幻灯片、一个网页或一个文件的连接。超链接本身可能是文本或对象（如，图片、图形、形状或艺术字）。表示超链接的文本用下画线显示，图片、形状和其他对象的超链接没有附加格式。需要掌握编辑超链接、删除超链接、编辑动作链接 3 部分。

如将某一演示文稿中的某一内容超链接到相应的页面，可进行如下操作。

（1）选中所要添加超链接的内容，如图4-13所示。

（2）右击，弹出图4-14所示的快捷菜单，选择"超链接"命令。

图4-13 选中所要链接的内容

图4-14 快捷菜单

（3）在打开的"插入超链接"对话框中，"链接到"选项中选择"本文档中的位置"；"请选择文档中的位置"列表框中选择相应的内容，在"幻灯片预览"中将会出现所选幻灯片的内容，如图4-15所示。

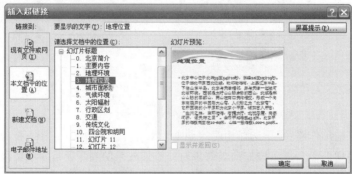

图4-15 "插入超链接"对话框

（4）在幻灯片放映时，进行超链接设置的文字下面将会出现下画线，如图4-16所示。

图4-16 幻灯片放映时的超链接文字

四、实验范例

根据提供的素材完成一个介绍北京的演示文稿，要求如下：

（1）根据素材合理组织相关内容。

（2）除"标题幻灯片"之外，每张幻灯片上都要显示页码。

（3）播放一首背景音乐，从幻灯片放映开始直至幻灯片结束放映。

（4）对详细介绍的内容设置超链接。

操作步骤：

（1）根据素材，完成幻灯片文字、格式、图片以及主题的设置，如图 4-17 所示。

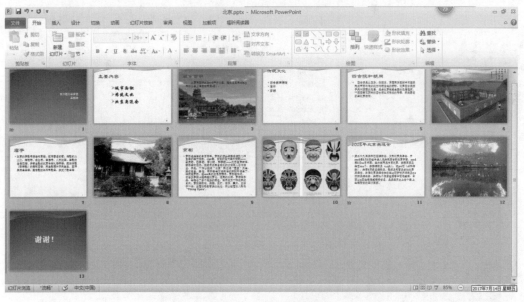

图 4-17　幻灯片主要内容

（2）选择"设计"→"页面设置"命令，打开"页面设置"对话框，将"幻灯片编号起始值"设置为 1，如图 4-18 所示；在"插入"选项卡的"文本"组中选择"插入幻灯片编码"，在打开的对话框中勾选"幻灯片编号"和"标题幻灯片中不显示"复选框，如图 4-19 所示。

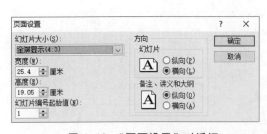

图 4-18　"页面设置"对话框

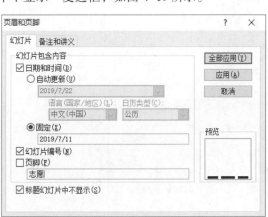

图 4-19　"页眉和页脚"窗口

（3）定位到标题幻灯片，选择"插入"选项卡"媒体"组中的"音频"→"文件中的音频"，如图 4-20 所示，打开"插入音频"对话框，选择音频文件，如图 4-21 所示；插入音频文件后，出现一个声音图标，将这个声音图标移动至幻灯片外，如图 4-22 所示；选择"动画"→"高级动画"选项卡中的"动画窗格"，如图 4-23 所示，右击插入的音频文件，在弹出的快捷菜单中选择"效果选项"命令，如图 4-24 所示；打开"播放音频"对话框，将"开始播放"中的"开始时间 X 秒"的 X 设置为 00.00，将"停止播放"中的"在 X 张幻灯片后"的 X 设置为 20（只要比幻灯片的总页数大均可），如图 4-25 所示。

图 4-20　"音频"的选项

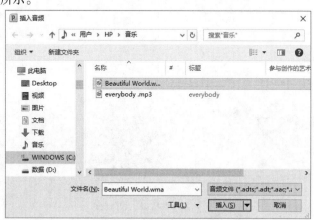

图 4-21　选择插入的音频文件

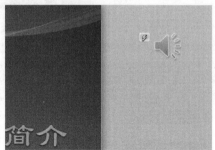

图 4-22　移动声音图标至幻灯片外

图 4-23　动画窗格

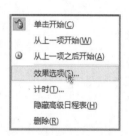

图 4-24　设置声音文件的快捷菜单

图 4-25　"播放音频"窗口的设置

（4）对于演示文稿中超链接的操作可参考本实验相关知识，恕不赘述。

五、实验要求

以环保为主题设计一个宣传片演示文稿。

操作要求：

（1）演示文稿不能少于 10 张。

（2）第一张演示文稿是"标题演示文稿"，其中副标题中的内容必须是本人的信息，包括姓名、专业、年级、班级、学号。

（3）其他演示文稿中要包含与题目要求相关的文字、图片或艺术字，并且这些对象要通过"自定义动画"进行设置。

（4）除"标题演示文稿"之外，每张演示文稿上都要显示页码。

（5）选择一种"应用设计模板"或者"背景"对文件进行设置。

（6）设置每张演示文稿的切入方法，至少使用 3 种。

（7）要求使用上超链接，顺利地进行幻灯片跳转。

（8）幻灯片的整体布局合理、美观大方。

实验三　设置放映方式与放映方案

一、实验学时

2 学时。

二、实验目的

（1）学会设置演示文稿放映方式。

（2）掌握放映的顺序和跳转技巧。

（3）掌握放映方案的统筹设计和自动放映的连贯性。

三、相关知识

1. 设置放映方式

单击"幻灯片放映"选项卡中的"设置幻灯片放映"按钮，打开"设置放映方式"对话框，如图 4-26 所示。在该对话框中设置放映类型、放映选项和要放映的幻灯片、切换方式等参数。

图 4-26　设置放映方式

放映类型有 3 种。

（1）演讲者放映（全屏幕）：这是最常用的放映类型。放映时幻灯片将全屏显示，演讲者对课件的播放具有完全的控制权。例如，切换幻灯片、播放动画和添加墨迹注释等。

（2）观众自行浏览窗口：放映时在标准窗口中显示幻灯片，显示菜单栏和 Web 工具栏，方便用户对换片进行切换、编辑、复制和打印等操作。

（3）在展台浏览（全屏幕）：该放映方式不需要专人来控制幻灯片的播放，适合在展览会等场所全屏放映演示文稿。

在"放映选项"选项组可设置是否循环播放幻灯片、是否播放动画效果等；在"放映幻灯片"选项组可设置放映演示文稿中的幻灯片范围，用户可根据需要选择是放映演示文稿中的全部幻灯片，还是只放映其中的一部分幻灯片，或者只放映自定义放映中的幻灯片；在"换片方式"选项组选择切换幻灯片的方式。如果设置排练时间，则应选择第二种方式。该方式同时也适用于单击鼠标切换幻灯片。

2．放映演示文稿

要播放演示文稿，可单击"幻灯片放映"选项卡"开始放映幻灯片"组中的按钮，如图 4-27 所示。如果单击"从头开始"按钮或按【F5】键，则会以满屏方式由第一张幻灯片开始播放。

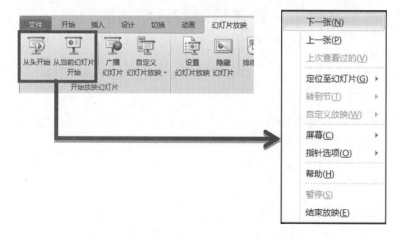

图 4-27　设置放映开始、结束与跳转

在播放演示文稿过程中，每单击一下鼠标左键则切换下一张幻灯片，直到所有幻灯片播放完毕。如果想在中途终止幻灯片的播放，可以在幻灯片上右击，在弹出的快捷菜单中选择"结束放映"命令即可。

在播放画面的右键快捷菜单中，选择"定位至幻灯片"级联菜单中的幻灯片名称，可快速切换到该幻灯片；选择"指针选项"中的"笔""荧光笔"等指针，然后在放映画面中拖动鼠标，可绘制墨迹注释，如图 4-28 所示。

3．打包演示文稿

当用户将演示文稿拿到其他计算机中播放时，如果该计算机没有安装 PowerPoint 程序，或者没有演示文稿中所链接的文件以及所采用的字体，那么演示文稿将不能正常放映。

此时，可利用"打包成 CD"功能，将演示文稿和所有支持的文件打包，如图 4-29 所示。这样即使计算机中没有安装 PowerPoint 程序也可以播放演示文稿了。

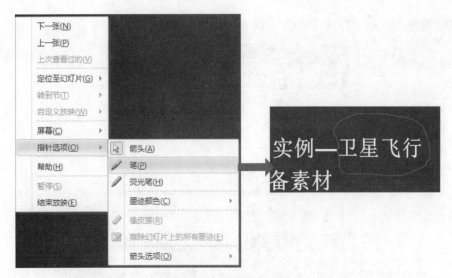

图 4-28 绘制墨迹注释

图 4-29 "打包成 CD"功能

4．设置放映方案

在"幻灯片放映"选项卡的"开始放映幻灯片"组中单击"自定义幻灯片放映"下拉按钮。选择"自定义放映"命令，打开"自定义放映"对话框，如图 4-30 所示。

在"自定义放映"对话框中，单击"新建"按钮，打开"定义自定义放映"对话框，如图 4-31 所示。将希望放映顺序的幻灯片从演示文稿中的幻灯片添加到"在自定义放映中的幻灯片"列表框中。设置当前的放映名称，之后添加需要的幻灯片，选择完成以后可以在右边的视图里面进行相应的顺序调整，形成幻灯片放映预案。

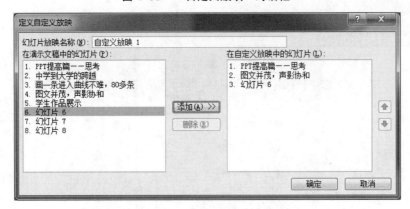

图 4-30　"自定义放映"对话框

图 4-31　"自定义放映"对话框

在"在自定义放映中的幻灯片"列表框中选中某张幻灯片标题，单击"删除"按钮可在放映预案中取消该张幻灯片；单击"向上""向下"按钮可以更改放映方案中幻灯片的播放顺序。

单击"确定"按钮，返回"自定义放映"对话框，单击"关闭"按钮退出，单击"放映"按钮可以观看放映效果。

四、实验范例

在 PowerPoint 2010 中新建或打开一个制作好的演示文稿，进行 PowerPoint 高级编辑。对其设置放映方式与放映方案。

操作步骤：

（1）编辑好所有的 PPT，打开幻灯片首页，如图 4-32 所示。

（2）在"幻灯片放映"选项卡的"开始放映幻灯片"组中单击"自定义幻灯片放映"下拉按钮。

（3）选择"自定义放映"命令，打开"自定义放映"对话框，如图 4-33 所示。

（4）单击"新建"按钮，打开"定义自定义放映"对话框，将希望放映顺序的幻灯片添加到"在自定义放映中的幻灯片"列表框中，如图 4-34 所示。

（5）编辑放映的名称，可以定义为"自定义放映 1"，也可以另外起名。

（6）单击"关闭"后，就可以在"幻灯片放映"下拉列表中看到最新创建的放映方案了。

按照"自定义放映 1"的顺序组合，第 1 张幻灯片直接跳转至第 4 张幻灯片，如图 4-35 所示。

按照"自定义放映 1"的顺序组合，第 4 张幻灯片直接跳转至第 6 张幻灯片，如图 4-36 所示。

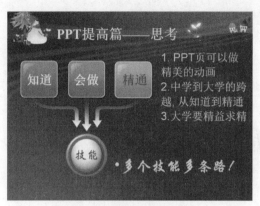

图 4-32　第一张幻灯片

图 4-33　自定义幻灯片放映

图 4-34　幻灯片

图 4-35　第 4 张幻灯片

图 4-36　第 6 张幻灯片

五、实验要求

（1）基础要求：设计一个"PPT 学习心得"幻灯片，不少于 8 张幻灯片，插入文字、图片或艺术字进行排版，添加"主题背景效果"和"自定义动画"功能。

（2）高阶要求：完善幻灯片"自动切换"，设置演示文稿放映方式，设置放映顺序和跳转链接，设置自定义放映，并将演示文稿打包成 CD。

第 5 章　计算机网络与 Internet 应用基础

本章以 Windows7 环境为例，介绍了 IP 地址的设置，查看、修改本机的 MAC 地址，并对 IE 浏览器的基本操作和搜索引擎的使用进行介绍。

实验　Internet 的基本应用

一、实验学时

2 学时。

二、实验目的

（1）掌握 Windows 7 下如何设置 IP 地址。
（2）掌握 Windows 7 下如何查看本机的 MAC 地址。
（3）掌握 IE 浏览器的基本操作和对信息的搜索。
（4）学会保存网页上的信息。
（5）掌握 IE 浏览器主页的设置。

三、相关知识

1．IP 地址

IP 地址是将计算机连接到 Internet 的网际协议地址，是一个 32 位的二进制数，它是 Internet 主机的一种数字型标识。

IP 地址由 4 部分数字组成，每部分都不大于 256，各部分之间用小数点分开。例如，某 IP 地址的二进制表示为：

$$11001010 \quad 11000100 \quad 00000100 \quad 01101010$$

表示为十进制为：202.196.4.106。

2．MAC 地址

MAC 地址是在局域网中计算机网卡的硬件地址，又称物理地址（因为这种地址用在 MAC 帧中），是识别某个系统的非常重要的标识符。

3．IE 浏览器

Internet Explorer 是微软公司推出的一款网页浏览器，简称 IE。主要通过 HTTP 协议与网页服务器交互并获取网页，另外，还支持其他的 URL 类型及其相应的协议，如 FTP、File、HTTPS（HTTP 协议的加密版本）。

4．搜索引擎

搜索引擎（search engine）是一种网上信息检索工具，在浩瀚的网络资源中，它能帮助用户迅速而全面地找到所需要的信息。常用的搜索引擎有百度（www.baidu.com）、雅虎（www.yahoo.com）、搜狗（www.sogou.com）等。

四、实验范例

1．设置 IP 地址

（1）首先打开"控制面板"，依次单击"网络和 Internet"→"网络和共享中心"→"更改适配器设置"，打开"网络连接"窗口，如图 5-1 所示。

图 5-1　"网络连接"窗口

（2）右击"本地连接"，在弹出的快捷菜单中选择"属性"命令，如图 5-2 所示。

图 5-2　"本地连接"快捷菜单

（3）在打开的"本地连接 属性"对话框中，选择"Internet 协议版本 4（TCP/IPv4）"选项，如图 5-3 所示。

（4）单击"属性"按钮，或者双击"Internet 协议版本 4（TCP/IPv4）"选项，打开"Internet 协议版本 4（TCP/IPv4）属性"对话框，如图 5-4 所示。

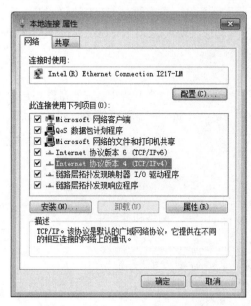 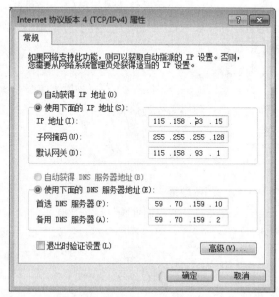

图 5-3 "本地连接 属性"对话框　　图 5-4 "Internet 协议版本 4（TCP/IPv4）属性"对话框

（5）选择"使用下面的 IP 地址"单选按钮，然后按照分配到的 IP 地址进行配置，单击"确定"按钮，即完成了对 IP 地址的设置。

2．查看、修改本机的 MAC 地址

网络设备中常需要查看本机的 MAC 地址，在这里介绍如何在 Windows 7 系统中查看本机的 MAC 地址。

（1）查看本机 MAC 地址的方式。

按【Win+R】组合键，打开"运行"对话框，在"打开"后输入 CMD，按【Enter】键，打开 DOS 命令运行窗口，在该窗口中输入"ipconfig /all"，如图 5-5 所示。

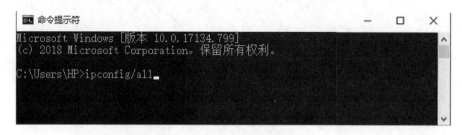

图 5-5 DOS 命令运行窗口

按【Enter】键，在显示的一系列信息中找到"本地连接"，其中"物理地址"就是本机的 MAC 地址，如图 5-6 所示。

（2）修改 MAC 地址方式。

打开"本地连接 属性"对话框，单击"配置"按钮，在打开的对话框中选择"高级"选项卡，选中左栏"属性"中"本地管理的地址"，然后选中右栏"值"中的第一个单选按钮，此时便可在右边的框中输入想改的网卡 MAC 地址，形式如 000B6AF6F4F9，如图 5-7 所示，单击"确定"按钮，修改就完成了。

图 5-6　查看 MAC 地址

图 5-7　修改 MAC 地址

当然，除了这种修改方法外，还可以通过注册表修改，有兴趣的同学可以参考其他书籍自行尝试。

3．IE 浏览器的使用

（1）启动 IE 浏览器。

双击桌面上的 IE 浏览器图标 ，或者选择"开始"→"所有程序"→Internet Explorer 命令，打开 IE 浏览器窗口。

（2）浏览网页信息。

在浏览器的"地址栏"中输入网络地址，访问指定的网站。例如：输入 http://www.baidu.com/，按【Enter】键，打开百度网站，如图 5-8 所示。

图 5-8　百度网站

（3）在搜索框中输入"Internet 应用"，单击"百度一下"按钮，打开图 5-9 所示窗口。

图 5-9　百度搜索窗口

（4）收藏网页。收藏当前网页，如图 5-10 所示。

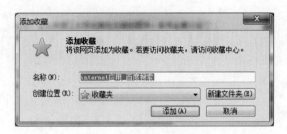

图 5-10　收藏当前网页

（5）设置浏览器主页。在浏览器窗口，选择"工具"→"Internet 选项"命令，打开"Internet 选项"对话框，如图 5-11 所示，在"常规"选项卡中的"主页"选项组中输入具体的 IP 地址，单击"确定"按钮。

图 5-11　修改 IE 浏览器主页

五、实验要求

（1）熟练掌握常用的网络配置方法和命令。

（2）实验各步骤中出现的问题或故障的解决情况、原因探讨。

（3）掌握使用搜索引擎在网络上搜索相关信息。

① 在"百度搜索"（http://www.baidu.com/）网页的搜索栏填写自己的姓名，搜索看看网上有多少人和自己同姓同名。

② 在"百度搜索"网页的搜索栏填写"信息检索"进行搜索，将网上一篇有关信息检索技术的文章文字复制到 Word 文档，并保存到"我的文档"中。

③ 登录"百度文库"，下载一篇和"Internet 应用"有关的幻灯片，保存到"我的文档"中。

④ 文件下载：搜索下载 Foxmail 免费软件，保存到"我的文档"中。

应 用 篇

第 6 章　Windows 操作系统

本章主要介绍 Windows 7 的部分操作。通过本章的实验，了解 Windows 7 的任务管理器、存储管理中的内存及外存储器管理、虚拟内存的设置等内容，掌握 Windows 7 的进程管理、设备管理，掌握相关的设置操作以及对计算机进行一些必要的软硬件设置，学会对磁盘进行必要的清理和维护等。

实验一　Windows 7 的进程——任务管理器的使用

一、实验学时

2 学时。

二、实验目的

（1）熟练掌握任务管理器的功能和操作方法，理解操作系统进程管理的概念。

（2）熟练掌握利用任务管理器观察程序运行状态，对程序进程进行响应的管理操作。

（3）学会通过任务管理器结束正在运行或者未响应的程序，更改正在运行的程序的优先级的方法。

三、相关知识

1．任务管理器简介

Windows 7 的任务管理器提供了有关计算机性能的信息，并显示了计算机上所运行的程序和进程的详细信息，可以查看到当前系统的进程数、CPU 使用比率、进程占用的内存容量等数据；还可以查看网络状态并了解网络的运行情况。

2．认识任务管理器的窗口界面及简介

任务管理器的用户界面提供了文件、选项、查看、帮助等菜单项，其下还有应用程序、进程、服务、性能、联网、用户等 6 个选项卡，窗口底部则是状态栏，显示当前系统的进程数、CPU 使用率、物理内存使用情况等数据，如图 6-1 所示。

图 6-1　"Windows 任务管理器"窗口

3．认识任务管理器的功能

（1）应用程序。

"应用程序"选项卡中显示所有当前正在运行的应用程序，不过它只显示当前已打开窗口的应用程序，不显示最小化至系统托盘区的应用程序。

（2）进程。

"进程"选项卡中显示所有当前正在运行的进程，包括应用程序、后台服务等，如果系统中病毒了，那些隐藏在系统底层深处运行的病毒程序或木马程序也在这里，如果知道病毒程序的名称就可以找到它。如果要结束进程，单击需要结束的进程名，然后执行右键快捷菜单中的"结束进程"命令，就可以强行终止，不过这种方式将丢失未保存的数据，而且如果结束的是系统服务，则系统的某些功能可能无法正常使用。

（3）性能。

"性能"选项卡中计算机性能的动态情况，如 CPU 使用率和使用记录动态图、内存使用情况和物理内存使用记录动态图、物理内存状态数据和系统部分数据等，如图 6-2 所示。

（4）联网。

"联网"选项卡中显示本地计算机所连接的网络通信量的指示，使用多个网络连接时，在这里能看到每个连接的通信量，只有安装网卡后才会显示该选项。

（5）用户。

"用户"选项卡中显示当前已登录和连接到本机的用户数、标识（标识该计算机上的会话的数字 ID）、活动状态（正在运行、已断开）、客户端名，可以单击"注销"按钮重新登录，或者通过"断开"按钮断开与本机的连接，如果是局域网用户，还可以向其他用户发送消息。

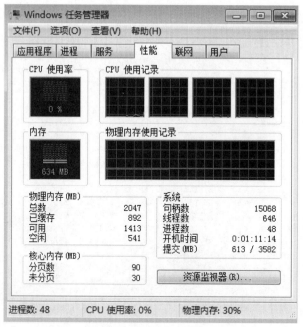

图 6-2　"性能"选项卡

四、实验范例

1. 启动任务管理器

方法一：常用的方法是按【Ctrl+Alt+Del】组合键，在打开的界面中单击"启动任务管理器"，如图 6-3 所示。

方法二：在任务栏底部空白地方右击，在弹出的快捷菜单中选择"启动任务管理器"命令，如图 6-4 所示。

图 6-3　按【Ctrl+Alt+Del】组合键启动任务管理器　　　图 6-4　在任务栏启动任务管理器

方法三：按【Ctrl+Shift+Esc】组合键。

方法四：按【Win+R】组合键，打开"运行"对话框，输入 taskmgr 命令，单击"确定"按钮，如图 6-5 所示。

图 6-5　"运行"对话框

2．用任务管理器查看应用程序和对应的进程

（1）运行应用程序。

分别运行两个 Word 程序和两个记事本程序。

（2）查看任务管理器中的"应用程序"。

打开任务管理器，切换到"应用程序"选项卡，可以看到下面有两个 Word 程序和两个"记事本"程序，如图 6-6 所示。

（3）切换到应用程序。

选择一个运行的 Word 程序任务并右击，在弹出的快捷菜单中选择"切换至"命令，就可以激活并切换到该程序，如图 6-7 所示。

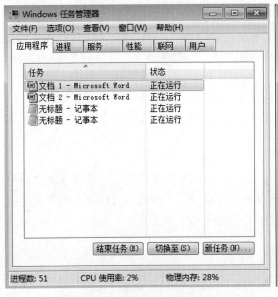

图 6-6　"应用程序"选项卡　　　　　图 6-7　切换应用程序

（4）查找程序对应的进程。

选择一个运行的 Word 程序任务并右击，在打开的快捷菜单中选择"转到进程"命令，就可以自动切换到"进程"选项卡中该程序对应的进程，如图 6-8 所示。

图 6-8　程序对应的进程

（5）选择另外一个 Word 程序任务，然后选择右键快捷菜单中的"转到进程"命令，可以看到两个 Word 程序任务对应的是一个进程，这是由不同的程序设计时确定的。分别选择两个记事本程序来查看对应的进程，可以发现每一个记事本程序任务对应了不同的进程。这就说明了进程和程序不是一一对应的。由于进程是程序的执行过程，所以程序是进程的一个组成部分，一个程序多次执行可产生多个不同的进程，一个进程也可以对应多个程序。

3. 使用任务管理器终止应用程序或进程

当想结束一个应用程序或者这个应用程序没有响应无法关闭时，可以通过在"应用程序"选项卡中结束任务来结束这个程序的运行状态，还可以在"进程"选项卡结束对应的进程来实现。

（1）结束应用程序任务。

打开任务管理器，切换到"应用程序"选项卡，选择一个 Word 程序任务，单击下面的"结束任务"按钮，程序将立即退出，如果编辑的内容或写入的数据没有存盘将丢失。这样可以一次结束一个任务。

（2）结束进程。

打开任务管理器，切换到"进程"选项卡，选择 WINDOWS.EXE 进程，单击下面的"结束进程"按钮，将弹出图 6-9 所示的对话框，如果单击"结束进程"按钮，将结束它直接或间接创建的所有子进程，原窗口将被关闭，与原窗口相关的程序都将结束执行，未经保持的数据都将消失。

4. 更改正在运行的程序的优先级

（1）显示进程的优先级。

要查看正在运行的程序的优先级，可单击"进程"选项卡，选择"查看"→"选择列"命令，在打开的对话框中选择"基本优先级"复选框，然后单击"确定"按钮，如图 6-10 所示。

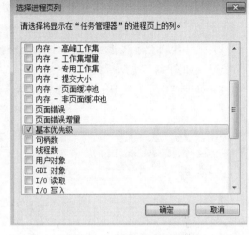

图 6-9 结束进程 　　　　　　　　图 6-10 调整显示优先级

（2）更改进程的优先级。

更改进程的优先级可以使其运行更快或更慢（取决于是提升还是降低了优先级），但也可能对其他进程的性能有相反的影响。

打开任务管理器，然后单击"进程"选项卡，在这里可以看到目前正在运行的所有程序进程，右击任一程序进程，在弹出的快捷菜单中选择"设置优先级"级联菜单中的实时、高、高于标准、普通、低于标准、低级别，如图 6-11 所示。这样做可以让这个程序强行调度到更高或更低的等级，同时影响了整体的系统资源。

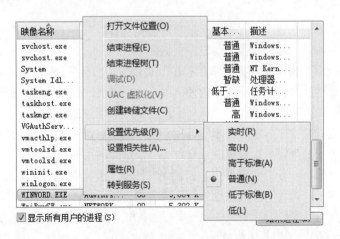

图 6-11 调整进程的优先级

5. 通过任务管理器查看进程 PID 标识符

PID 标志符是 Windows 操作系统对运行的程序自动分配的唯一的顺序编号，进程中止后 PID 被系统回收，可能会被继续分配给新运行的程序。当用户需要查看进程的时候都会通过任务管理器进行查看，但是任务管理器中默认是看不到进程的标识符的。下面操作通过任务管理器查看进程 PID 标识符的具体方法。

（1）右击任务栏空白处，在弹出的快捷菜单中选择"任务管理器"命令。

（2）在打开的 Windows 任务管理器中，切换到"进程"选项卡，然后选择"查看"→"选择列"命令。

（3）在打开的"选择进程页列"对话框中，勾选"PID（进程标识符）"复选框，然后单击"确定"按钮，如图 6-12 所示。

（4）单击"确定"按钮返回任务管理器，就可以查看 PID 进程列表了，如图 6-13 所示。

图 6-12 调整进程的 PID 显示   图 6-13 显示进程的 PID

五、实验要求

（1）显示其他进程计数器。在"进程"选项卡选择"查看"→"选择列"命令，分别单击要增加显示为列标题的项目，然后单击"确定"按钮。

（2）同时最小化多个窗口。选择"应用程序"选项卡，按住【Ctrl】键，选择需要同时最小化的应用程序项目，然后右击这些项目中的任意一个，在弹出的快捷菜单中选择"最小化"命令即可，再试试按照此操作步骤完成层叠、横向平铺和纵向平铺等任务。

（3）对进程列表进行排序。在"进程"选项卡上单击要根据其进行排序的列标题。若要反转排序顺序，可再次单击列标题。这样可以观察到哪一个进程占用的 CPU 和内存最高。

（4）在打开的 Windows 任务管理器中，切换到"性能"选项卡，观察并记录页面中的数据，尤其是"CPU 使用率"、"内存"和"物理内存"等数据；打开或者关闭不同的应用程序，观察这些数据的变化。打开一个视频播放软件播放一个视频，由于播放视频时 CPU 要进行解码，可以看到 CPU 的动态情况。记录操作并体会结果。

实验二 Windows 7 的存储管理

一、实验学时

2 学时。

二、实验目的

（1）熟练掌握资源监视器的功能和操作方法，理解操作系统存储管理的概念。
（2）熟练掌握利用资源管理器观察内存和硬盘的状态。
（3）学会通过磁盘管理管理硬盘。

三、相关知识

1. 存储管理

存储管理是指管理存储资源，为用户合理使用存储设备提供有力的支撑，因此计算机存储管理性能将直接影响整个系统的性能。存储系统通常对不同数据采取不同的存储方式，如不处于运行状态的数据存放在外存储器上，处于运行状态的数据则放在内存储器上。内存是计算机工作的核心器件，其主要特点是存取速度快。存储管理主要指的是对内存的管理。

2. Windows 7 的资源监视器

Windows 7 的资源监视器是 Windows 自带的系统资源和性能监视工具。资源监视器能够量化地提供 CPU 使用率、内存分配状况、磁盘活动情况、线程调度频率等信息，能够监视一段时间内上述资源的利用情况，提供平均值和峰值，如图 6-14 所示。

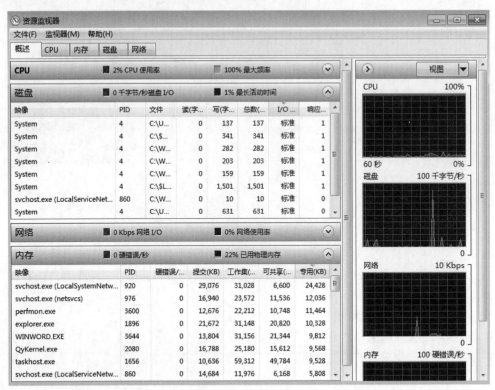

图 6-14　资源监视器

四、实验范例

1. 启动资源监视器

方法一：启动任务管理器，切换到"性能"选项卡，单击"资源监视器"按钮，打开资源监视器。

方法二：按【Win+R】组合键，打开"运行"对话框，输入 resmon 命令，单击"确定"按钮，打开资源监视器。

2．资源监视器中的内存监视

打开资源监视器，切换到"内存"选项卡，看到的是进程在内存中的情况，如图 6-15 所示。其中，可以直观地看到使用中的物理内存和剩余内存；若想查看某个进程在内存中的详细使用情况，也可以在资源监视器的内存栏看到相应的内容。

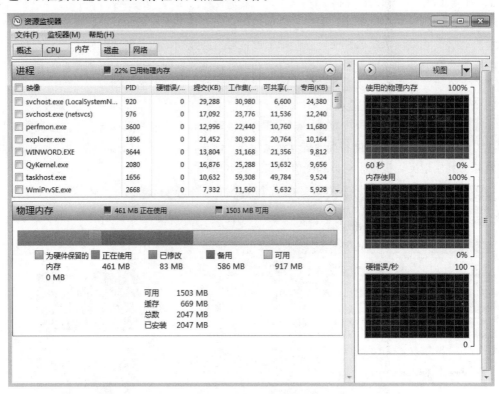

图 6-15　内存资源监视器

打开不同的程序或者关闭不同的程序，观察内存的变化。有些程序运行时进程的内存是不变化的；有些程序（比如压缩程序工作时、视频播放软件播放视频时）对应进程的内存是动态变化的。

3．资源监视器中的磁盘活动

如果计算机的硬盘指示灯总是闪烁不停，说明硬盘在进行读写操作，可以查看是什么操作使硬盘不停读写。打开资源监视器，切换到"磁盘"选项卡，可以在"磁盘"项目显示中找到当前磁盘中的数据交互情况。

（1）"磁盘活动"标题栏中的两项数据分别表示磁盘 I/O 传输量和最长活动时间，其含义如下：

① 磁盘 I/O：表示当前实时的总 I/O 数据传输量，如硬盘、U 盘、移动硬盘等。

② 最长活动时间：表示磁盘活动时间的最高百分比。

（2）展开栏 EI，可以看到列表中显示了使用磁盘资源的"名称"（进程可执行文件名）和应用程序的 PID（进程 ID）两个主项目。其他项目含义如下：

① 文件：进程正在读取或写入的文件名称，从这可以看到进程正在执行的操作。

② 读：应用程序从文件读取数据的当前速度。

③ 写：应用程序向文件写入数据的当前速度。

④ IO 优先级：应用程序的 I/O 任务的优先级。

⑤ 响应时间：磁盘活动的响应时间。

（3）在"磁盘活动的进程"栏中勾选一个应用程序，比如"爱奇艺"播放器的进程 Qykernel.exe，观察"磁盘活动"栏进程的磁盘活动情况，如图 6-16 所示。

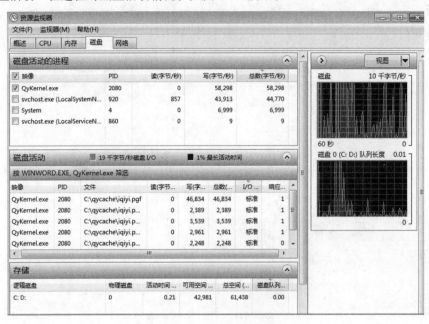

图 6-16　进程的磁盘活动

4．磁盘清理和碎片整理

在计算机的日常使用中，逐渐会在磁盘上产生文件碎片和临时文件，致使运行程序、打开文件变慢，因此可以定期使用"磁盘清理"删除临时文件，释放硬盘空间；使用"磁盘碎片整理程序"整理文件存储位置，合并可用空间，提高系统性能。

（1）磁盘清理。

① 选择"开始"→"所有程序"→"附件"→"系统工具"→"磁盘清理"命令，打开"磁盘清理：驱动器选择"对话框。

② 选择要进行清理的驱动器，在此使用默认选择"（C：）"。

③ 单击"确定"按钮，打开"磁盘清理"对话框，如图 6-17 所示。

④ 计算完毕，打开"（C：）的磁盘清理"对话框，如图 6-18 所示，其中显示系统建议删除的文件及其所占用磁盘空间的大小。

⑤ 在"要删除的文件"列表框中选中要删除的文件，单击"确定"按钮，在打开的"磁盘清理"确认删除对话框中单击"删除文件"按钮，弹出"磁盘清理"对话框，清理完毕，该对话框自动消失。

依次对 C、D、E 各磁盘进行清理，注意观察并记录清理磁盘时获得的空间总数。

（2）磁盘碎片整理程序。

进行磁盘碎片整理之前，应先把所有打开的应用程序都关闭，因为一些程序在运行的过程中可能要反复读取磁盘数据，会影响磁盘整理程序的正常工作。

① 选择"开始"→"所有程序"→"附件"→"系统工具"→"磁盘碎片整理程序"命令，打开"磁盘碎片整理程序"对话框。

② 选择需要整理的磁盘驱动器后单击"分析磁盘"按钮，进行磁盘分析。

③ 分析完后，可以根据分析结果选择是否进行磁盘碎片整理。如果在"上一次运行时间"列中显示检查磁盘碎片的百分比超过了 10%，则应该进行磁盘碎片整理，只需单击"磁盘碎片整理"按钮即可。

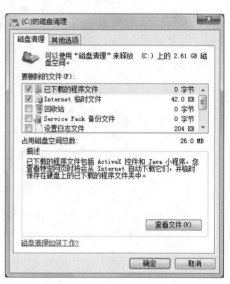

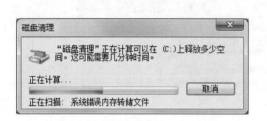

图 6-17　"磁盘清理"对话框　　　　　　图 6-18　"（C:）的磁盘清理"对话框

5. 虚拟内存的设置

当系统运行时，先要将所需的指令和数据从外部存储器（如硬盘、光盘等）调入内存中，CPU再从内存中读取指令或数据进行运算，并将运算结果存入内存中，当运行一个程序需要大量数据、占用大量内存时，会导致内存消耗殆尽。为了解决这个问题，Windows 中运用了虚拟内存技术，即拿出一部分硬盘空间来充当内存使用，当内存被占用完时，系统自动调用硬盘来充当内存，以缓解内存的紧张。这个硬盘上划分的空间就是虚拟内存。在默认情况下，虚拟内存是以名为Pagefile.sys 的交换文件保存在硬盘的系统分区中。

虚拟内存的设置内存在计算机中的作用很大，计算机中所有运行的程序都需要经过内存来执行，如果执行的程序很大或很多，例如，计算机当前运行状态下只剩了 1024 MB 的物理内存，再读取一个容量为 2048 MB 的文件时，就必需用到至少 1024 MB 虚拟内存。

在默认状态下，是让系统管理虚拟内存的，但是系统默认设置的管理方式通常比较保守，在自动调节时会造成页面文件不连续，而降低读写效率，工作效率就显得不高，于是经常会出现"内存不足"这样的提示，这种情况可以通过手动设置来解决。

（1）用右击桌面上的"计算机"图标，在弹出的快捷菜单中选择"属性"命令，打开"系统属性"对话框。选择"高级"选项卡,如图 6-19 所示。

(2)单击"性能"选项组中的"设置"按钮,在打开的"性能选项"对话框中选择"高级"选项卡,如图 6-20 所示。

图 6-19 "系统属性"对话框

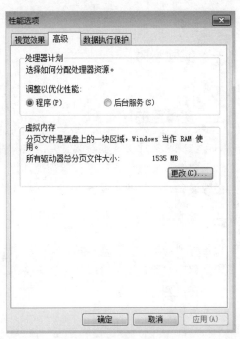

图 6-20 "高级"选项卡

(3)单击"更改"按钮,打开"虚拟内存"对话框,如图 6-21 所示。

(4)取消"自动管理所有驱动器的分页文件大小"复选框的选中状态。在"驱动器"列表框中选中除 C 盘以外的其中一个盘,如 D 盘,选择"自定义大小"单选按钮,将初始大小和最大值分别设为1535 和 2558,单击"设置"按钮。

单击"确定"按钮,完成虚拟内存的设置,如图 6-21 所示。重新启动计算机才能使虚拟内存设置生效。

五、实验要求

(1)打开资源监视器,切换到"内存"选项卡;然后打开浏览器,缩小浏览器窗口,与资源管理器并排观察;打开多个网页,找到对应的进程,观察内存各项显示参数的变化。

(2)打开资源监视器,切换到"硬盘"选项卡,进行一个大文件的复制操作,观察硬盘各项参数的变化。

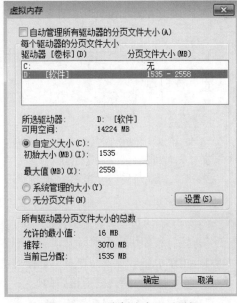

图 6-21 "虚拟内存"对话框

（3）进行本机虚拟内存的设置，将本机的虚拟内存设置到 D 盘，选择"自定义大小"的方法来设置虚拟内存，并将最大值和最小值都设为同一数值，大小为本机内存的 0.5 倍。

实验三　Windows 7 的设备管理

一、实验学时

2 学时。

二、实验目的

（1）熟练掌握设备管理器的打开方法，使用设备管理器查看设备。
（2）熟练掌握使用设备管理器管理计算机上的设备，查看和更改设备属性、更新设备驱动程序、配置设备设置和卸载设备等。

三、相关知识

设备管理器是一种管理工具，可用它来管理计算机上的设备，如查看和更改设备属性、更新设备驱动程序、配置设备设置和卸载设备等。

1. 打开设备管理器

（1）方法一：
① 选择"开始"→"控制面板"命令。
② 进入控制面板后，在"查看方式"为"类别"的情况下单击"硬件和声音"。
③ 在"设备和打印机"下方单击打开"设备管理器"。
（2）方法二：
① 右击"计算机"图标，在弹出的快捷菜单中选择"管理"命令进入计算机管理。
② 进入计算机管理后，单击"设备管理器"即可打开。
（3）方法三：
① 右击"计算机"图标，在弹出的快捷菜单中选择"属性"命令进入系统面板。
② 进入系统面板后，单击左侧的"设备管理器"即可。
（4）方法四：
按【Win + R】组合键打开"运行"对话框，输入 devmgmt.msc，单击"确定"按钮可以直接打开设备管理器。
打开的"设备管理器"窗口，如图 6-22 所示。

2. 通过设备管理器禁用指定的设备

可以通过设备管理器来禁用指定的设备，节省计算机资源。下面通过设备管理器来禁用指定的设备。

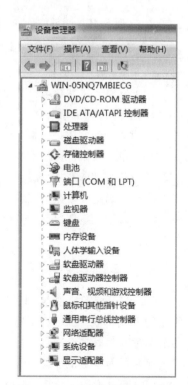

图 6-22　"设备管理器"窗口

（1）打开"设备管理器"窗口。

（2）打开需要禁用的设备，在设备名称上右击，在弹出的快捷菜单中选中"禁用"命令，如图 6-23 所示。

（3）确认禁用后，被禁用后的设备图标前面会显示黑色小箭头，这表示此设备处于禁用状态。

（4）如果重新启用，打开需要启用的设备，在设备名称上右击，在弹出的快捷菜单中选择"启用"命令。

3. 通过设备管理器更新设备驱动

硬件厂家会不定时地更新设备驱动，以便于设备更加稳定地工作和发挥最好的性能。在系统中可以对设备驱动进行快速更新，不需要借助第三方软件。下面说明使用设备管理器更新声卡驱动的方法。

（1）打开"设备管理器"窗口。

（2）展开"声音、视频和游戏控制器"，右击要更新驱动的声卡，在弹出的快捷菜单中选择"更新驱动程序软件"命令，如图 6-24 所示。

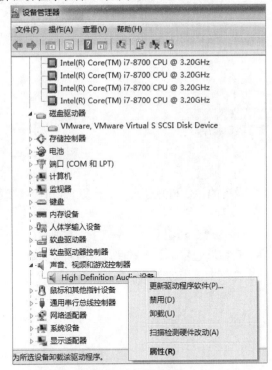

图 6-23　禁用设备　　　　　　　　　图 6-24　更新设备驱动程序 1

（3）打开"更新驱动程序软件"对话框后，选择"自动搜索更新的驱动程序软件"，如图 6-25 所示。

（4）系统开始联机搜索驱动并进行自动更新。

（5）等待更新完成后，出现图 6-26 所示提示，表示驱动程序更新完成。

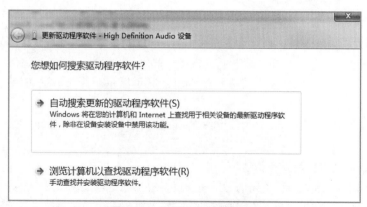

图 6-25　更新设备驱动程序 2

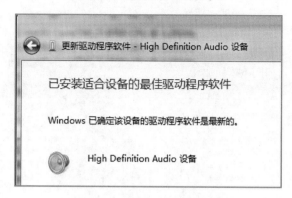

图 6-26　更新设备驱动程序 3

四、实验要求

（1）打开"设备管理器"窗口，查看"处理器"设备的参数和型号，显示有几个 CPU 参数就说明这个 CPU 有几个内核。

（2）打开"设备管理器"，查看"网络适配器"设备的参数和型号。右击网卡，在弹出的快捷菜单中选择"属性"命令，在打开的对话框中选择"高级"选项卡，查看此设备的高级参数。

（3）打开"设备管理器"窗口，更新"显示适配器"中显卡的驱动程序。

第7章 数据库的基本应用

Access 是一个面向对象的、采用事件驱动的关系型数据库管理系统。使用 Microsoft Access 数据库无须编写任何代码，只需通过直观的可视化操作就可以完成大部分的数据库管理工作。它不但能存储和管理数据，还能编写数据库管理软件。本章主要介绍 Access 的基本操作，主要内容包括：数据库的创建、数据表的创建、数据表结构的设置、数据表记录的基本操作、查询的创建、报表的创建与设置、窗体的创建与设置等。

实验一 Access 的基本操作

一、实验学时

2 学时。

二、实验目的

（1）掌握创建数据库、数据表的方法。
（2）掌握数据表结构设计。
（3）掌握数据表记录的添加、删除、排序、筛选等操作。

三、相关知识

在 Access 中，设计一个合理的数据库，最主要的是设计合理的表以及表间的关系。设计一个 Access 数据库，一般要经过如下步骤。

（1）需求分析。

需求分析就是对所要解决的实际应用问题做详细的调查，了解所要解决问题的组织机构、业务规则、确定创建数据库的目的、确定数据库要完成哪些操作、数据库要建立哪些对象。

（2）建立数据库。

创建一个空 Access 数据库，对数据库命名时，要使名字尽量体现数据库的内容，做到"见名知意"。

（3）建立数据库中的表。

数据库中的表是数据库的基础数据来源。确定需要建立的表是设计数据库的关键。表设计的好坏直接影响数据库其他对象的设计及使用。

设计能够满足需要的表，要考虑以下内容：

① 每一个表只能包含一个主题信息。

② 表中不要包含重复信息。

③ 表拥有的字段个数和数据类型。

④ 字段要具有唯一性和基础性，不要包含推导或计算数据。

⑤ 所有的字段集合要包含描述表主题的全部信息。

⑥ 确定表的主键字段。

（4）确定表间的关联关系。

在多个主题的表间建立表间的关联关系，使数据库中的数据得到充分利用，同时对复杂的问题，可先化解为简单的问题后再组合，会使解决问题的过程变得容易。

（5）创建其他数据库对象。

设计其查询、报表、窗体、宏、数据访问页和模块等数据库对象。

四、实验范例

创建"学籍管理"数据库，在数据库中创建"学生档案"数据表，在数据表中添加若干记录，对数据表进行删除、筛选、排序等操作。

操作步骤：

（1）创建"学籍管理"数据库，在数据库中创建"学生档案"数据表，表结构设计如表 7-1 所示。

表 7-1 "学生档案"数据表结构

字段名	类型	长度	有效性规则	有效性文本	其他
学号	文本	8			主键
姓名	文本	10			
性别	文本	2	男/女	性别输入错误	默认值为"男"
出生日期	日期/时间				短日期
班级	文本	10			
高考成绩	数字		[0,750]	成绩输入错误	

启动 Access，选择"文件"→"新建"→"可用模板"→"空白数据库"，如图 7-1 所示，选择该库文件存放的位置，如"D:\"，确定库名"学籍管理.accdb"，再单击"创建"按钮，打开"学籍管理"，新创建的空白数据库窗口如图 7-2 所示。

右击"表 1"，在弹出的快捷菜单中选择"保存"命令，将"表 1"重命名为"学生档案"，如图 7-3 所示，将其保存在数据库"学籍管理"中。

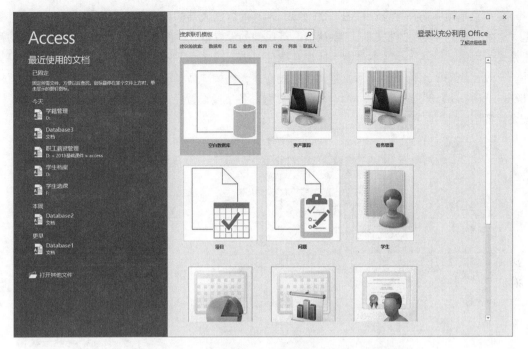

图 7-1　创建"空白数据库"选项

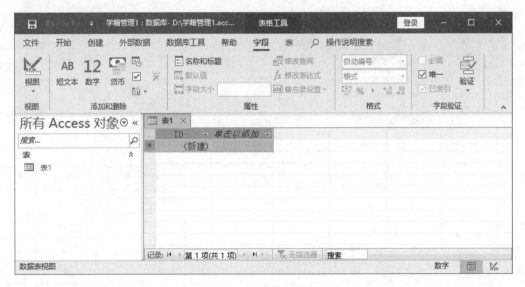

图 7-2　新建数据库窗口

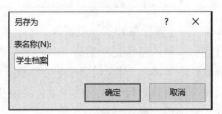

图 7-3　"另存为"对话框

在主菜单项中选择"设计视图",按照表 7-1 的数据表结构设置各字段信息。特别要注意的是"有效性规则""有效性文本""默认值"等属性的设置格式。图 7-4 所示为"性别"字段的设置格式。因为"性别"是文本类型,所以其取值"男"或"女"要用英文半角双引号括起来。另外,有效性规则要用合法的关系或逻辑表达式描述,比如"高考成绩"介于 0~750 之间,可用"Between 0 And 750"或">=0 and <=750"来设置。各字段设置完成后,单击"保存"按钮,关闭该设计视图。

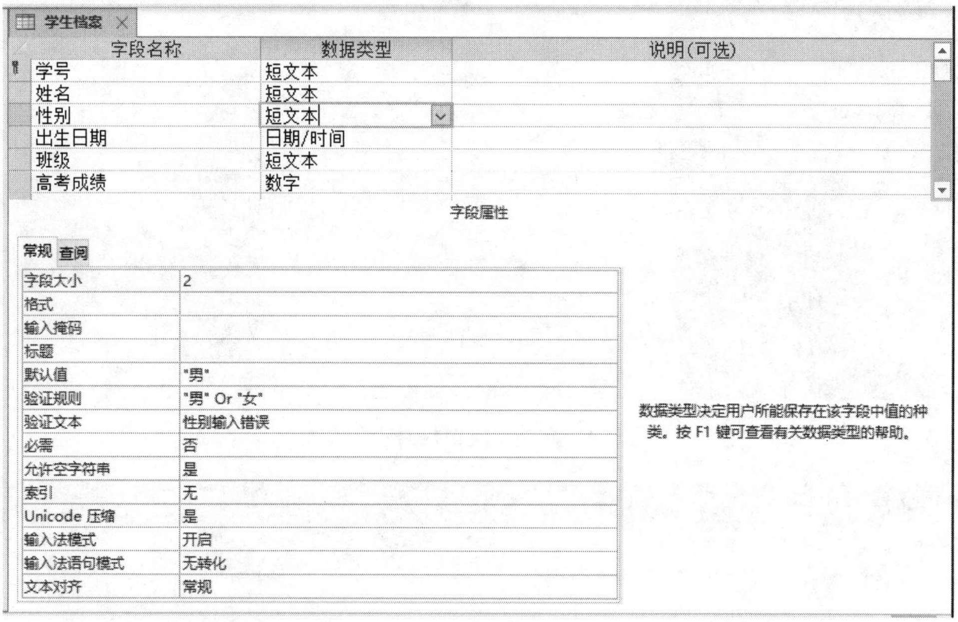

图 7-4　字段设计

(2)在"学生档案"表中输入若干记录,如表 7-2 所示。

表 7-2　"学生档案"数据表记录

学号	姓名	性别	出生日期	班级	高考成绩
01020001	李斯斯	男	2001/3/5	测控 19-2	578
01020002	张梦涵	男	2000/11/23	测控 19-2	546
02020001	王佳佳	女	2000/7/8	英语 19-2	524
02030001	刘萌	女	2001/3/16	英语 19-3	538
02030012	赵睿	男	2001/4/20	英语 19-3	542

在"学籍管理"数据库窗口中双击"学生档案"数据表,开始录入学生记录,如图 7-5 所示。录入记录只能在表中最后一行进行。新的一条记录前有一个"*",表示是待录入的记录,可以看到新记录的"性别"字段已有默认值"男"。对于设置的非空字段,比如关键字段"学号",不能为空值,否则无法继续输入或保存。设置有效性规则的字段,必须按照有效性规则约束来输入,否则无法继续输入或保存。输入完毕后,保存数据。

学生档案						
学号	姓名	性别	出生日期	班级	高考成绩	单击以添
01020001	李斯斯	男	2001/3/5	测控19-2	578	
01020002	张梦涵	男	2000/11/23	测控19-2	546	
02020001	王佳佳	女	2000/7/8	英语19-2	524	
02030001	刘萌	女	2001/3/16	英语19-3	538	
02030012	赵睿	男	2001/4/20	英语19-3	542	
*		男			0	

图 7-5　添加记录

（3）删除学号为 02030001 的记录。

在该行记录左端右击，如图 7-6 所示，在弹出的快捷菜单中选择"删除记录"命令，即可删除该记录。如数据记录很多，可在图 7-6 下方的"搜索"框输入要查找的条件 02030001，则会直接定位到该记录，然后按上面的操作删除记录即可。

图 7-6　删除记录

（4）筛选"学生档案"表中"高考成绩"高于 545 分的男生。

右击"高考成绩"字段，选择"数字筛选器"中的"大于"，如图 7-7 所示。

图 7-7　数字筛选器

在打开的"自定义筛选"对话框中输入 545，如图 7-8 所示。

右击"性别"字段，在筛选器中选择"男"，即可筛选出结果，如图 7-9 所示。

图 7-8 "自定义筛选"对话框

图 7-9 筛选结果

（5）将"学生档案"表按入学成绩从高到低重新排列并打印输出。

在"学生档案"数据表的"入学成绩"字段名上单击下拉按钮，选择"降序"命令即可按入学成绩从高到低排列，然后选择系统菜单中的"打印"命令即可打印输出。

五、实验要求

新建数据库，命名为"职工薪资管理"，按如下字段结构创建两个数据表。

（1）创建数据表"员工信息表"，字段结构设置如表 7-3 所示。

表 7-3 "员工信息表"字段结构

字段名	类型	长度	有效性规则	有效性文本	其他
工号	文本	5			主键
姓名	文本	8			
性别	文本	2	男/女	性别输入错误	默认值为"男"
出生日期	日期/时间				长日期
部门	文本	10			
职务	文本	8			默认值为"职员"

（2）创建数据表"薪资级别表"，字段结构设置如表 7-4 所示。

表 7-4 "薪资级别表"字段结构

字段名	类型	长度	有效性规则	有效性文本	其他
职务	文本	8			主键
基本工资	数字				
津贴	数字		[200,5000]	津贴介于 200 ~ 5000 之间	默认值为400

（3）在两表中输入一些数据，检测有效性规则。

（4）在两表中适当做一些添加、删除记录，筛选及排序操作，观察分析操作结果。

实验二　Access 查询与 SQL 语句

一、实验学时

2 学时。

二、实验目的

（1）掌握 Access 中单表查询的创建及设计。

（2）掌握 Access 中多表查询的创建及设计。

（3）熟悉了解常用 SQL 语句。

三、相关知识

查询（query）也是一个"表"，是以表为基础数据源的"虚表"。它可以作为表加工处理后的结果，也是可以作为数据库其他对象数据来源。查询是用来从表中检索所需要的数据，以对表中的数据加工的一种重要的数据库对象。查询结果是动态的，以一个表、多个表或查询为基础，创建一个新的数据集是查询的最终结果，这一结果又可作为其他数据库对象的数据来源。查询不仅可以重组表中的数据，而且可以通过计算再生新的数据。

1. Access 查询

在 Access 中，主要有选择查询、参数查询、交叉表查询、动作查询及 SQL 查询。选择查询主要用于浏览、检索、统计数据库中的数据；参数查询是通过运行查询时的参数定义、创建的动态查询结果，以便更多、更方便地查找有用的信息；动作查询主要用于数据库中数据的更新、删除及生成新表，使得数据库中数据的维护更加便利；SQL 查询是通过 SQL 语句创建的选择查询、参数查询、数据定义查询及动作查询。

根据查询需要的基本表数目可分为单表查询及多表查询，本实验主要介绍基于一个基本表的单表查询和基于两个基本表的双表查询。

2. SQL 语句

SQL 是一种介于关系代数与关系演算之间的语言，是一种通用的、功能极强的关系数据库标准语言。SQL 语言功能丰富、简单易学、风格统一，利用几个简单的英语单词的组合就可以完成所有的功能。

（1）CREATE TABLE 语句。

该语句的功能是创建基本表，即定义基本表的结构。其一般格式为：

```
CREATE TABLE <表名>
    (<字段名 1><数据类型 1>[字段级完整性约束条件 1]
    [,<字段名 2><数据类型 2>[字段级完整性约束条件 2]] …
    [,<表级完整性约束条件>]）;
```

（2）ALTER TABLE 语句。

该语句的功能是修改数据表结构。有时由于建表之初考虑不够充分或者后期需求有变化，需要修改已经建好的基本表结构，这时可以使用 ALTER TABLE 来对字段或完整性约束实现添加、修改或者删除等处理。其一般格式为：

```
ALTER TABLE <表名>
```

```
     ADD <字段名> <类型[长度] >|
       [NOT NULL] [CONSTRAINT <完整性约束条件>]|
     ALTER <字段名> <类型[长度] >|CONSTRAINT 多字段约束|
     DROP <字段名>|CONSTRAINT <完整性约束条件>;
```

（3）DROP TABLE 语句。

该语句的功能是从数据库中删除指定的表，删除表后，所有属于表的数据、索引、视图和触发器也将自动被删除。其一般格式为：

```
DROP TABLE <表名>;
```

（4）CREATE INDEX 语句。

该语句的功能是创建索引。索引是数据库中关系的一种顺序（升序或降序）的表示，利用索引可以提高数据库的查询速度。其一般格式为：

```
CREATE [UNIQUE] [CLUSTER] INDEX <索引名> ON <表名>
        (<字段名 1>[<顺序 1>][,<字段名 2>[<顺序 2>]]…);
```

（5）DROP INDEX 语句。

不再需要索引时，应及时将其删除，可释放空间，减少维护的开销。DROP INDEX 语句可删除索引，其一般格式为：

```
DROP INDEX <索引名> ON <表名>;
```

（6）INSERT INTO 语句。

该语句的功能是插入数据，可以向数据表中添加记录。其一般格式为：

```
INSERT INTO <表名> [ (字段名 1[, 字段名 2[, …]])]
        VALUES (字段 1 的值[, 字段 2 的值[, …]] )];
```

（7）UPDATE 语句。

该语句的功能是更新数据表记录数据，用新值替换表中指定字段的值。其一般格式为：

```
UPDATE <表名>
SET 字段名 1=新值 1 [, 字段名 2=新值 2 [, …]]
        [WHERE <条件>];
```

（8）DELETE 语句。

该语句的功能是删除表中的记录。其一般格式为：

```
DELETE FROM <表名> [WHERE <条件>];
```

（9）SELECT 语句。

数据查询是数据库中最常用的操作，也是核心操作。SQL 语言提供了 SELECT 语句进行数据库的查询。该语句具有灵活的使用方式和丰富的功能，可以实现各种查询需求。其一般格式为：

```
SELECT [ALL|DISTINCT] <目标列表达式 1>[,<目标列表达式 2>]…
        FROM <表名或视图名 1>[,<表名或视图名 2>]…
        [WHERE <条件表达式>]
        [GROUP BY <列名 3>[HAVING <组条件表达式>]]
        [ORDER BY <列名 4>[ASC|DESC],…];
```

这些 SQL 语句均可以在 Access 查询设计的 SQL 视图中编辑并运行。

四、实验范例

（1）用查询设计器对"学生档案"数据表创建查询，显示表中"高考成绩大于等于 545 分的男生"记录。

操作步骤:

① 打开要创建查询的数据库文件,选择"创建"选项卡,在"查询"栏中选择"查询设计"按钮,打开"显示表"对话框。

② 选择要创建查询的表,分别单击"添加"按钮,添加到"学生档案查询"选项卡的文档编辑区中,单击"关闭"按钮。

③ 在表中分别选中需要的字段,依次拖动到下面设计器中的"字段"行中(或者双击该字段名,直接添加到下方设计器中的"字段"行中),表示这些字段是要在查询中显示输出的。添加完字段后,在"表"行中自动显示该字段所在的表名称,如图 7-10 所示。

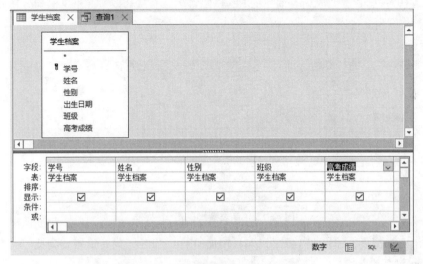

图 7-10　选择需要的字段到设计器中

④ 在设计器下面的字段列表中输入查询条件显示的字段及查询条件,可实现条件查询。图 7-11 所示为设置了查询高考成绩大于等于 545 分的男生记录。

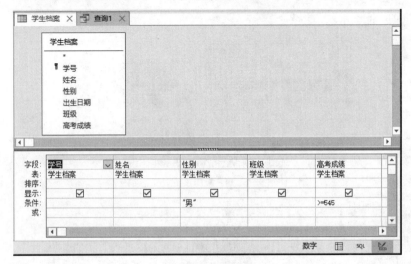

图 7-11　查询条件

⑤ 保存该查询为"成绩查询"，则建立了一个高考成绩大于等于 545 分的男生成绩查询表。

在数据库对象导航窗格上可以看到已经保存的"成绩查询"，双击可看到图 7-12 所示的查询结果，该查询只显示高考成绩大于等于 545 分的男生记录。

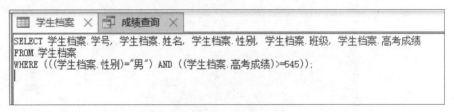

图 7-12　查询结果

（2）用 SQL 视图查看"成绩查询"的 SELECT 语句，直接修改 SELECT 语句，使查询结果按"高考成绩"从低到高排序。

操作步骤：

① 选中导航栏中的"成绩查询"，选择"视图"→"SQL 视图"命令，可以看到刚才创建的"成绩查询"的 SELECT 语句，如图 7-13 所示。

```
SELECT 学生档案.学号, 学生档案.姓名, 学生档案.性别, 学生档案.班级, 学生档案.高考成绩
FROM 学生档案
WHERE (((学生档案.性别)="男") AND ((学生档案.高考成绩)>=545));
```

图 7-13　单表查询的 SQL 视图

② 在 SQL 视图下，编辑 SELECT 语句，增加 ORDER BY 子句，设置查询按"高考成绩"从低到高排序。SQL 语句为：

```
SELECT 学生档案.学号, 学生档案.姓名, 学生档案.性别, 学生档案.班级, 学生档案.高考成绩
    FROM 学生档案
    WHERE (((学生档案.性别)="男") AND ((学生档案.高考成绩)>=545))
    ORDER BY 高考成绩;
```

单击"设计"面板中的"运行"按钮，运行该 SQL 语句，运行结果如图 7-14 所示。

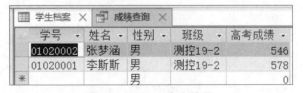

图 7-14　SQL 查询结果

若要使输出按"高考成绩"从高到低降序排列，可修改 SQL 语句为：

```
SELECT 学生档案.学号, 学生档案.姓名, 学生档案.性别, 学生档案.班级, 学生档案.高考成绩
    FROM 学生档案
    WHERE (((学生档案.性别)="男") AND ((学生档案.高考成绩)>=545))
    ORDER BY 高考成绩 DESC;
```

（3）创建多表查询，对实验一实验要求中建立的"员工信息表"和"薪资级别表"建立关联，创建名为"人事部员工"的查询，查询出部门为"人事部"的所有员工的"工号　姓名　性别　出生日期　职务　基本工资　津贴"字段信息。

操作步骤:

① 选择"创建"→"查询设计"命令,添加"员工信息表"和"薪资级别表",拖动"员工信息表"的"职务"字段到"薪级表"的"职务"字段处,松开鼠标左键,两表的"职务"字段间出现一条连接线,如图 7-15 所示。两表之间即按"职务"字段建立了关联关系,也就是将两表进行了笛卡儿积操作。

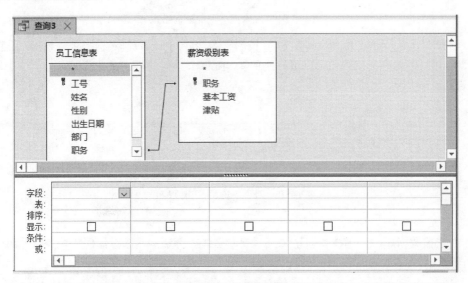

图 7-15　建立关系

② 双击需要显示的字段,如图 7-16 所示,将需要显示的"员工信息表.工号""员工信息表.姓名""员工信息表.性别""员工信息表.出生日期""员工信息表.职务""员工信息表.部门""薪资级别表.基本工资""薪资级别表.津贴"字段的"显示"项选中,设置"员工信息表.部门"字段的"条件"内容为"人事部",即只显示人事部的员工。注意:"部门"字段信息并不在查询中显示,所以在显示框中是取消状态。

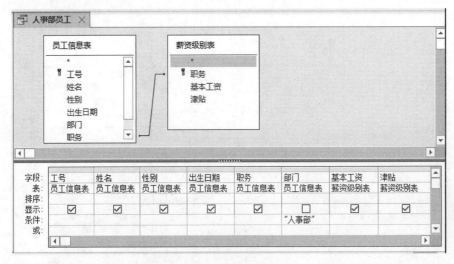

图 7-16　查询字段设计

③ 保存该查询为"人事部员工"，双击打开该查询，查询结果如图 7-17 所示，查询出了部门为"人事部"的所有员工的"工号　姓名　性别　出生日期　职务　基本工资　津贴"信息。

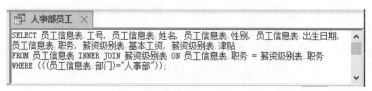

图 7-17　"人事部员工"查询结果

④ 选择"设计"→"视图"→"SQL 视图"命令，可以查看该查询的 SELECT 语句，如图 7-18 所示。读者参阅该语句可以更好地理解 SELECT 语句的格式，并能通过修改该语句创建其他查询。

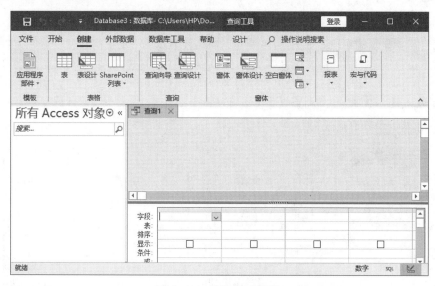

图 7-18　两表查询的 SQL 视图

（4）在 Access 中运行 SQL 语句。

① 在当前数据库中，选择"创建"→"查询设计"命令，不选择任何数据表，关闭"添加表"对话框，打开查询设计视图，如图 7-19 所示。

图 7-19　查询设计视图

② 选择"开始"→"SQL 视图"命令，在 SQL 视图中输入 SQL 语句：

```
CREATE TABLE 图书信息表
      (图书号 CHAR(8) PRIMARY KEY,
      书名 CHAR(30) NOT NULL, 作者 CHAR(20),
      出版日期 DATE, 库存 INTEGER , 定价 REAL);
```

选择"设计"→"运行"命令，运行该 SQL 语句，在该数据库中即创建了一个"图书信息表"，字段结构如图 7-20 所示。

图 7-20　用 SQL 语句创建表

③ 关闭该表，打开"SQL 视图"，在 SQL 视图中输入 SQL 语句：

```
INSERT INTO 图书信息表
    VALUES ("10102001", "数据库技术与应用", "潘瑞芳",#2012/9/1#,10,34.5);
```

运行该 SQL 语句，可以为"图书信息表"添加一条记录，如图 7-21 所示。

图 7-21　用 SQL 语句添加记录

④ 打开"SQL 视图"，在 SQL 视图中输入 SQL 语句：

```
UPDATE 图书信息表 SET 库存=库存+10;
```

运行该 SQL 语句，可以给"图书信息表"中所有图书的库存量增加 10。

同学们可以按照这样的方法，测试验证 SQL 语句的执行情况。

五、实验要求

（1）基于"学生档案"表，建立名为"英语 19-3 女生"的查询，查询出班级为"英语 19-3"、性别为"女"的所有学生的"学号　姓名　出生日期　班级　高考成绩"字段信息。

（2）基于"员工信息表"和"薪资级别表"，创建名为"部门主管"的查询，查询出"职务"为"主管"的所有员工的"工号　姓名　性别　出生日期　部门　基本工资　津贴"字段信息。

（3）用 SQL 语句给"薪资级别表"的所有级别的基本工资增加 100。

实验三　Access 报表创建

一、实验学时

2 学时。

二、实验目的

（1）掌握以数据表或查询为数据源创建 Access 报表的方法。

（2）掌握 Access 报表的格式设置。

三、相关知识

报表（report）是以打印的格式表现用户数据的一种有效方式，是 Access 中的重要组成部分。它不仅可以将数据库中的数据分析、处理的结果通过打印机输出，还可以对要输出的数据完成分类小计、分组汇总等操作。在数据库管理系统中，使用报表会使数据处理的结果多样化，可以通过它控制每个对象的显示方式和大小。

Access 中的报表可以以数据表为数据源，也可以以查询为数据源。Access 中创建报表的方法有 4 种。

（1）快速创建报表。

（2）创建空报表。

（3）通过向导创建报表。

（4）在设计视图中创建报表。

四、实验范例

1. 快速创建报表

选择要用于创建报表的数据表"学生档案"，选择"创建"选项卡，单击"报表"栏中的"报表"按钮，系统就会自动创建出报表，如图 7-22 所示。这种方法显示出数据源的所有记录，适用于不需要作任何个性化设置的报表。也可以选中一个查询，创建出该查询的报表。

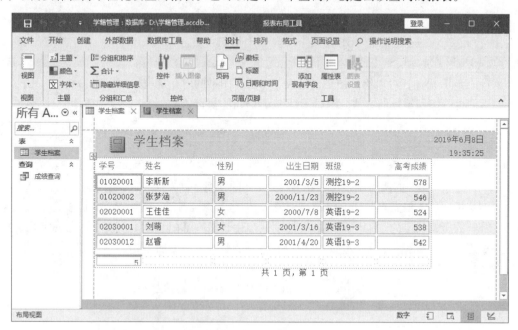

图 7-22　快速创建报表

2. 创建空报表

（1）打开要创建报表的数据表或查询，选择"创建"选项卡，单击"报表"栏中的"空报表"按钮。

（2）系统创建出没有任何内容的空报表，可以按照在空白窗体中添加字段的方法为其添加字段，如图 7-23 所示。可以从右侧"字段列表"中自由拖动所需字段到报表区，设置摆放位置及大小。这种方式可以自由创建报表。

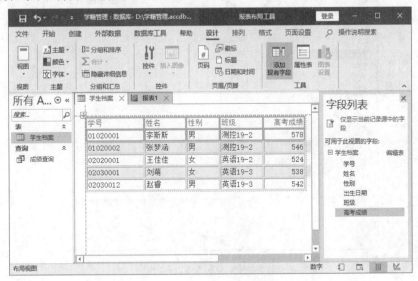

图 7-23　自定义创建报表

3．通过向导创建报表

（1）打开要创建报表的数据库文件，选择"创建"选项卡，单击"报表"栏中的"报表向导"按钮。

（2）打开"报表向导"对话框，如图 7-24 所示，在"表/查询"下拉列表框中选择数据源，可以是表，也可以是已创建的查询，在"可用字段"中选择需要的字段添加到"选定字段"中，单击"下一步"按钮，按照向导提示设置。

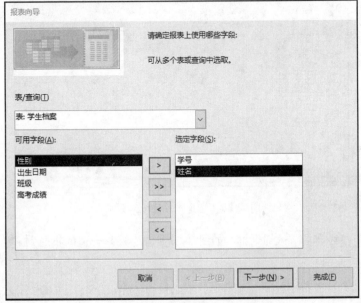

图 7-24　"报表向导"对话框

（3）在分组级别对话框中，可以不做设置，单击"下一步"按钮，如图 7-25 所示。

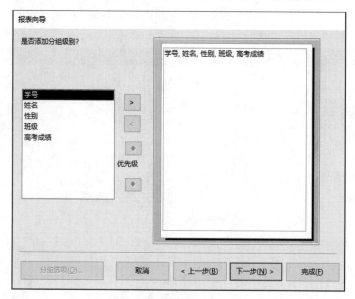

图 7-25　分组级别对话框

（4）在选择排序字段对话框中，选择第一关键字以"高考成绩"降序，第二关键字以"学号"升序显示，单击"下一步"按钮，如图 7-26 所示。

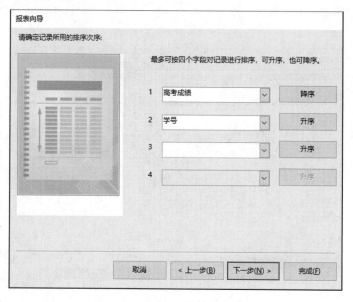

图 7-26　选择排序字段对话框

（5）打开确定报表布局方式对话框，如图 7-27 所示，选择合适的布局方式和方向，单击"下一步"按钮。

（6）打开"请为报表指定标题"对话框，输入报表名称，单击"完成"按钮，即完成报表的创建。

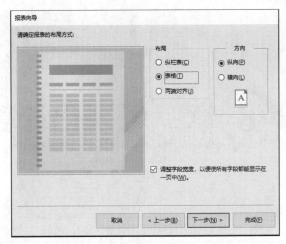

图 7-27　确定报表布局方式对话框

4．在设计视图中创建报表

（1）打开要创建报表的数据库文件，选择"创建"选项卡，单击"报表"栏中的"报表设计"按钮，系统就会创建出带有网络线的窗体。

（2）在窗体右侧出现"字段列表"窗格，从"字段列表"窗格中把需要的字段拖动到带有网络线的报表中。

（3）添加完后，单击视图栏中的"报表视图"按钮，切换到报表视图中即可以查看报表。

无论用何种方式创建的报表，均可以再次进入"设计视图"，进行报表格式及内容的调整，如图 7-28 所示。报表设计好后，可进入"打印预览"视图进行纸张大小、纸张方向、页边距等页面设置。页面设置完成后，即可打印输出报表。

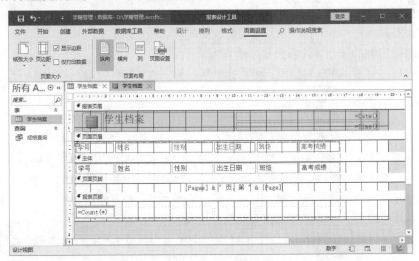

图 7-28　报表的设计视图

五、实验要求

基于实验二实验要求（2）中创建的"部门主管"查询，用向导创建报表，进行页面设置，预览输出效果。

第 8 章　可视化计算

Raptor 是一种基于流程图仿真的可视化的程序设计环境，为程序和算法设计基础课程的教学提供实验环境。本章从 Raptor 的基本符号使用方法入手，介绍使用 Raptor 创建流程图的基本步骤、使用 Raptor 实现基本算法以及在 Raptor 中绘制基本图形的方法。

实验一　Raptor 的基本操作

一、实验学时

2 学时。

二、实验目的

（1）学会使用 Raptor 软件。
（2）掌握并理解各种基本符号的使用方法，并能够熟练使用基本符号。
（3）掌握使用 Raptor 创建流程图程序的方法。
（4）通过程序实践，理解利用流程图描述算法以及算法执行的过程及其结果。

三、相关知识

使用 Raptor 设计的程序和算法可以直接转换成为 C++、C#、Java 等高级语言程序，这为程序和算法的初学者铺就了一条平缓、自然的学习阶梯。使用 Raptor 的理由主要有以下 4 点：
（1）可以在最大限度地减少语法要求的情形下，帮助用户编写正确的程序指令。
（2）Raptor 开发环境是可视化的。Raptor 程序实际上是一种有向图，可以一次执行一个图形符号，以帮助用户跟踪 Raptor 程序的指令流执行过程。
（3）Raptor 是为易用性而设计的。Raptor 程序的调试和报错消息更容易为初学者理解。
（4）用 Raptor 可以进行算法设计和验证，从而使初学者真正掌握"计算思维"。
访问 Raptor 官网（http://raptor.martincarlisle.com/）下载 Raptor 安装包。按照提示，安装后即可使用。
Raptor 程序是一组连接的符号，表示要执行的一系列动作，符号间的连接箭头确定操作的执行顺序。Raptor 程序执行时，从开始（Start）符号起步，按照箭头所指方向执行程序，执行到结束（End）符号时停止。

Raptor 软件的主界面如图 8-1 所示，窗口的左侧上半部分是"符号"窗口；右下部分是工作区，其中有一个名为 main 的标签（相当于主程序），窗口中有一个基本的流程图框架，初始只有 Start（开始）和 End（结束）两个符号。在 Start 和 End 之间的箭头上右击，在弹出的快捷菜单中选择相应命令可以添加语句符号。也可将"符号"窗口中的符号拖动到右侧工作区中的适当位置进行添加。

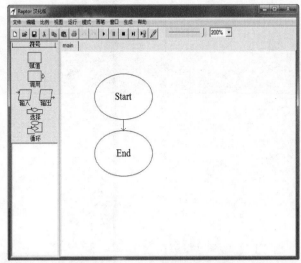

图 8-1　Raptor 软件的主界面

最小的 Raptor 程序什么也不做。在 Start 和 End 的符号之间插入一系列 Raptor 语句/符号，就可以创建有意义的 Raptor 程序。

Raptor 有 6 种基本符号，分别是输入（Input）、输出（Output）、赋值（Assignment）、循环（Loop）、选择（Selection）和调用（Call），每种符号代表一种独特的指令类型。以下对这 6 种基本符号进行详细介绍。

1. 输入（Input）

输入符号如图 8-2 所示。如要使用该符号，选中该符号后，使用鼠标左键拖动至所需要的地方释放，如图 8-3 所示。双击该输入符号，弹出图 8-4 所示的输入窗口。该输入窗口分为"输入提示"和"输入变量"两部分。"输入提示"部分用于显示程序运行时用户所看到的信息，该显示信息要写在一对双引号中，且只能输入英文字母；"输入变量"用于接收程序运行时用户输入的数据。变量用于保存数据值。一个变量只能容纳一个值。在程序执行过程中，变量的值可以改变。变量名称以字母开头，由字母、数字、下画线组成。Raptor 中的数据可以分为数值和字符串两大类。数值如 53、1024、-9、3.1415 等，字符串如"Hello, how are you? "、"Enter a number"、"The value of num is："等。

图 8-2　输入符号

如在"输入提示"中输入""Enter an integer""，在输入变量时输入 num，如图 8-5 所示。

编辑完成后单击"完成"按钮，返回主界面，如图 8-6 所示，输入

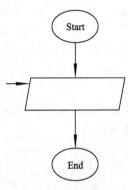

图 8-3　插入输入符号

框中显示"Enter an integer" GET num。单击工具栏中的"运行"按钮，打开图 8-7 所示的对话框。从图 8-7 中，可以看出提示信息为 Enter an integer，可以在输入框中输入一个整数，表示把这个整数赋值给变量 num。

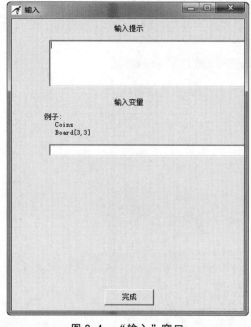

图 8-4 "输入"窗口

图 8-5 "输入"窗口的编辑

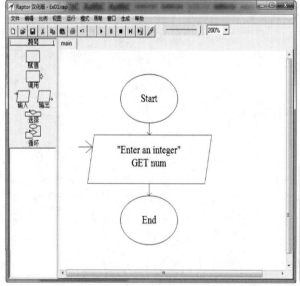

图 8-6 编辑后的输入符号

图 8-7 "输入"对话框

2. 输出（Output）

输出符号如图 8-8 所示。可参照输入符号的使用方法插入输出符号。插入输出符号后，双击该符号，弹出图 8-9 所示的窗口，可在输入框中输入想要输出的内容，可以是具体的值，

也可以是变量。如将输入符号中的变量 num 的值输出，可以在该输入框中
输入 num。返回主界面，如图 8-10 所示，输出符号内显示 PUT num，表
示把变量 num 的值输出。运行该程序，在输入框中输入 98，程序运行结
果如图 8-11 所示。

图 8-8　输出符号

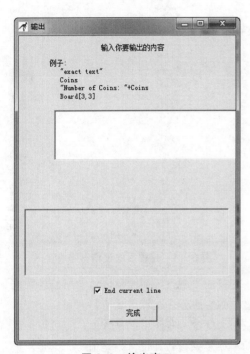

图 8-9　输出窗口

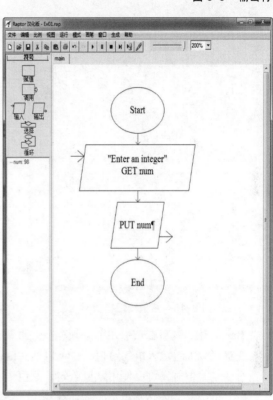

图 8-10　编辑后的输出符号

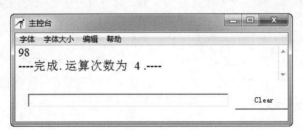

图 8-11　程序运行结果

3. 赋值（Assignment）

赋值符号如图 8-12 所示。可参照输入符号的使用方法插入赋值符号。插入赋值符号后，双击
该符号，弹出图 8-13 所示的窗口，显示 Set 和 to 两个输入框，Set 部分为接
收赋值的变量，to 部分为表达式。如在 Set 部分输入 num，在 to 部分输入 12，
返回主界面，如图 8-14 所示。编辑后的赋值符号中显示公式 num←12，表示
把 12 赋值给 num。

图 8-12　赋值符号

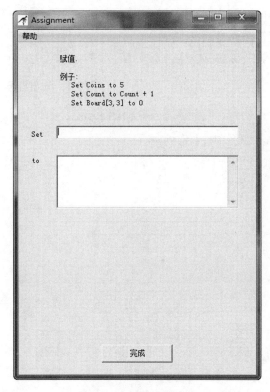

图 8-13　赋值编辑窗口

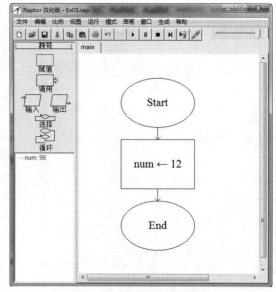

图 8-14　编辑后的赋值符号

在 Raptor 中，变量在被引用前必须存在并被赋值，变量的类型由最初的赋值语句所给的数据决定。变量可以通过输入语句赋值，也可以通过赋值语句的中的公式运算后赋值。

在对变量赋值时，可以使用赋值语句，赋值语句左侧为变量，右侧可以是数值，也可以是表达式。在 Raptor 中，表达式可以是任何计算单个值的简单或复杂公式，也可以是值（无论是常量或变量）和运算符的组合。在 Raptor 中，常用的数学符号有+（加）、–（减）、*（乘）、/（除）、^（乘方）和 mod（求余）。表达式计算的优先顺序是：先计算括号中表达式，然后计算幂（^），再从左到右计算乘法和除法，最后从左到右计算加法和减法。

如有三条赋值语句 x←12，x←x+1，x←x*x，表示先将 12 赋值给 x，此时 x 的值为 12；然后将 x+1 的值即将 12+1 的值 13 赋值给 x，此时 x 的值为 13；最后将 x*x 的值即 13*13 的值 169 赋值给 x。Raptor 的程序如图 8-15 所示，运行结果如图 8-16 所示。

4．选择（Selection）

选择符号如图 8-17 所示。可参照输入符号的使用方法插入选择符号。插入选择符号后，双击该符号，在弹出窗口中的输入框内输入决策表达式。决策表达式是一组值（常量或变量）和关系运算符的结合，期望得到 YES/NO 这样的结果。关系运算符（如=、 / =、 <、<=、>、> =）必须针对两个相同的数据类型值比较。例如，3 = 4 或"Wayne" = "Sam"是有效的比较，但 3 = "Mike"则是无效的。Raptor 常用关系运算符和逻辑运算符如表 8–1 所示。

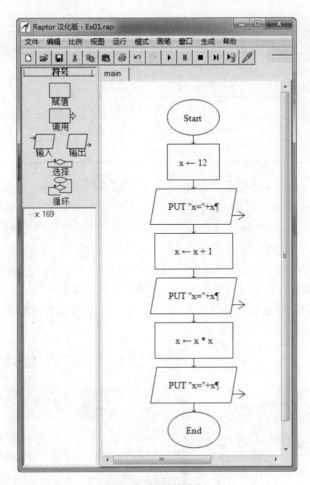

图 8-15 赋值实例

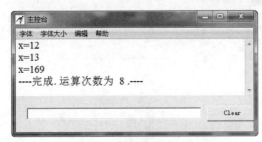

图 8-16 赋值实例运行结果

图 8-17 选择符号

表 8-1 Raptor 常用关系运算符和逻辑运算符

运 算 符	说　明	例
=	等于	3 = 4 结果为 No（False）
!=	不等于	3 != 4 结果为 Yes（True）
/=		3 /= 4 结果为 Yes（True）
<	小于	3 < 4 结果为 Yes（True）
<=	小于或等于	3 <= 4 结果为 Yes（True）

续表

运 算 符	说 明	例
>	大于	3 > 4 结果为 No（False）
>=	大于或等于	3 >= 4 结果为 No（False）
and	与	(3 < 4) and (10 < 20)，结果为 Yes（True）
or	或	(3 < 4) or (10 > 20)，结果为 Yes（True）
not	非	not (3 < 4)，结果为 No（False）

当程序执行时，如果决策的结果是 Yes（True），则执行左侧分支；如果结果是 No（False），则执行右侧分支。如图 8-18 所示的分支结构示例，所执行的语句可能为 Statement1→Statement 2a →Statement 3 或者 Statement1→Statement 2b→Statement 3。选择结构的 Yes 和 no 分支可以输入操作（如 Input、Output、Assignment 等）。

如从键盘输入一个数，输出这个数的绝对值。先使用输入符号，输入数 x；然后对 x 进行判断，如果 x 小于 0，则将 x 的相反数赋值给 x，否则不做任何处理；最后将 x 输出。Raptor 的程序如图 8-19 所示，当输入 35 时，运行结果如图 8-20 所示；当输入 -98 时，运行结果如图 8-21 所示。

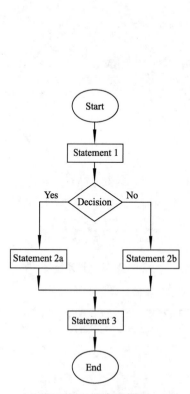

图 8-18　分支示例图

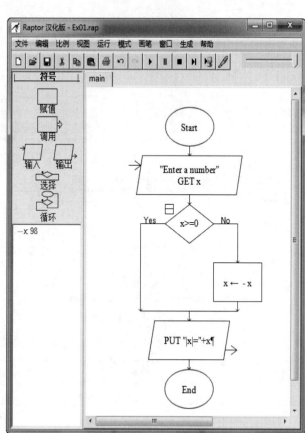

图 8-19　数的绝对值程序

图 8-20　绝对值运行结果 1　　　　　　图 8-21　绝对值运行结果 2

5. 循环（Loop）

在不少实际问题中有许多具有规律性的重复操作，因此在程序中需要重复执行某些语句。循环结构是在一定条件下反复执行某段程序的流程结构，被反复执行的程序被称为循环体。循环语句是由循环体及循环的终止条件两部分组成的。在循环结构中，用以记录循环次数的变量称之为循环变量。对于循环结构来说，必须遵循以下三个原则：

（1）循环变量初始值。

（2）循环结束的条件。

（3）循环变量的改变量。

如果违背了上述三个原则中的任何一条原则，循环结构将会进入"死循环"，从而使程序无法正常结束。

循环符号如图 8-22 所示。控制语句允许重复执行一个或多个语句，直到某些条件变为真值（True）；菱形符号中的表达式结果为"No"，则执行"No"的分支，这将导致循环语句和重复。要重复执行的语句可以放在菱形符号上方或下方。可参照输入符号的使用方法插入循环符号。

图 8-22　循环符号

以下通过求 1+2+…+5 的值来学习循环符号的使用。求解此类问题的基本步骤可以概括如下：

（1）定义代表和的变量 s，定义代表第 n 项的变量 i。

（2）令 s=0。

（3）构建循环体，一般情况下为 s=s+i。

（4）构建循环条件，根据问题的具体要求，选用相应的循环语句。

（5）输出累加和 s 的值。

先使用赋值符号，分别为 s 赋值 0，为 i 赋值 1。插入循环符号后，双击该符号，弹出图 8-23 所示的窗口，在输入框中输入决策表达式，也就是退出循环时的条件 x>5。然后在循环体中使用赋值符号，为 s 和 i 赋值。程序如图 8-24 所示，运行结果如图 8-25 所示。

图 8-23　"循环"窗口

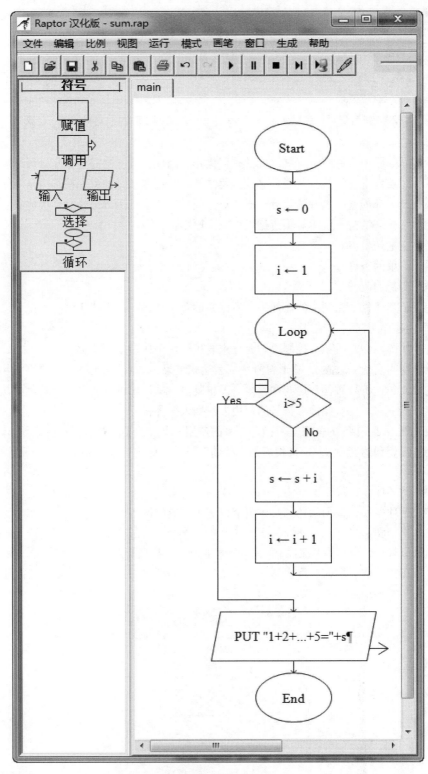

图 8-24 累加程序

图 8-25　累加运行结果

6. 程序的运行

程序编写完成，就可以运行了。运行时，可以使用"运行"菜单所提供的方式，常用的有"单步""运行""运行编译的程序"。"单步"可以监视程序的执行过程，当前执行语句中变量的变化情况；"运行"可以在左侧的变量显示区中查看程序运行过程中变量的变化情况；"运行编译的程序"可直接查看结果。

7. 程序的生成

Raptor 设计的程序可以直接转换成为 C++、C#、Java 等高级语言程序。在"生成"菜单下选择所要使用的语言即可。例如，1+2+…+100 的 Raptor 程序可使用"生成"→C++命令直接生成C++程序，如图 8-26 所示。

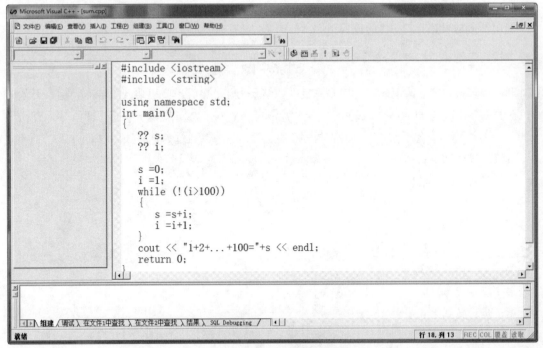

图 8-26　生成 C++程序结果

图 8-26 中，??表示缺失数据类型，这里仅需将??使用 int 替换，将输出语句中 s 前的+使用<<替换即可。转换的 C++程序经编译后，运行结果如图 8-27 所示。

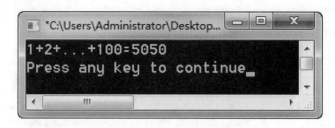

图 8-27　C++程序运行结果

8．利用 Raptor 进行算法设计的基本步骤

（1）分析问题。编写任何一个程序，都应该首先从实际问题中抽象出来其数学模型，找出求解方法，并用自然语言描述算法。

（2）启动 Raptor 软件，保存流程图文件（扩展名为 .rap）。

（3）利用 Raptor 工具创建相关流程图。

（4）运行调试算法。修改出现的语法错误，注意算法的逻辑错误，在进行严格的测试后，算法才可以有效。

（5）保存或打印流程图。

四、实验范例

利用 Raptor 画出计算 $n!$ 的流程图。

分析：给定 n，求 $n!$ 的数学公式为 $n! = \begin{cases} 1 & n = 0 \\ n(n-1)! & n > 0 \end{cases}$。

利用计算机求解连乘问题，一般是先设乘积结果为 1，然后逐项相乘。用 f 表示 $n!$，开始时 $f=1$ 是 $0!$，$f \times 1$ 就是 $1!$，$f \times 2$ 就是 $2!$，$f \times 3$ 就是 $3!$，……，$f \times n$ 就是 $n!$。可以用 i 表示逐次乘入的项，i 开始为 1，然后加 1 变为 2，再加 1 变为 3，……，通过 $f = f*i$ 完成 $n!$ 的计算。

其算法描述如下：

第 1 步：输入 n 的值。

第 2 步：令 $f=1$。

第 3 步：令 $i=1$。

第 4 步：如果 $i>n$，则转到第 8 步。

第 5 步：使 $f=f \times i$。

第 7 步：使 $i=i+1$。

第 7 步：转到第 4 步。

第 8 步：输出 f 的值。

操作步骤：

启动 Raptor，根据自然语言描述的算法步骤，在 Start 和 End 两个符号中间依次添加算法描述中的流程图符号，以构成求解题的"程序"，最终得到图 8-28 所示的流程图。

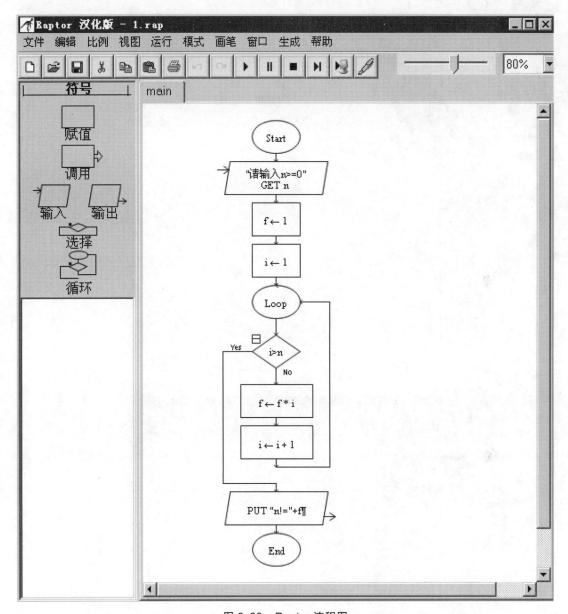

图 8-28 Raptor 流程图

（1）启动 Raptor 后，选择"文件"→"保存"命令，输入自定义的文件名，选择存放路径，单击"保存"按钮。

（2）输入 n。在符号窗口单击"输入"符号（变红色）后，将光标指向工作区流程图的 Start 和 End 两个符号中间的箭头处并单击，即可加入"输入"符号。双击新加入的"输入"符号，弹出"输入"窗口，如图 8-29（a）所示。在"输入提示"栏内输入"请输入 n>=0"，在"输入变量"栏内输入 n，单击"完成"按钮，效果如图 8-29（b）所示。

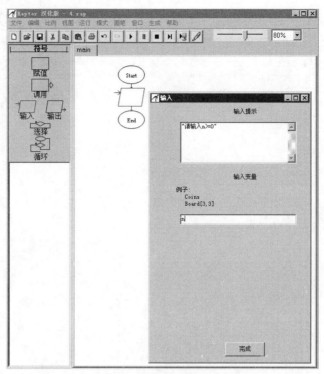

（a）"输入"窗口

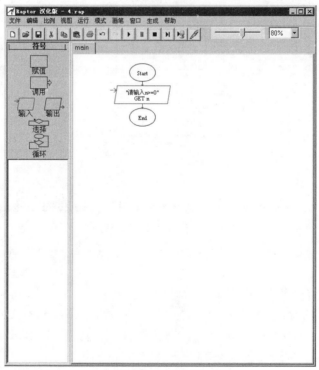

（b）输入处理完毕的流程图

图 8-29　输入 n

（3）在"输入"框的下方添加第 1 个"赋值"框。双击"赋值"框打开 Assignment 窗口，在

Set 栏内输入 f，在 to 栏内输入 1，单击"完成"按钮，如图 8-30（a）所示。

（4）在"赋值"框的下方添加第 2 个"赋值"框。双击"赋值"框打开 Assignment 窗口，在 Set 栏内输入 i，在 to 栏内输入 1，单击"完成"按钮，如图 8-30（b）所示。

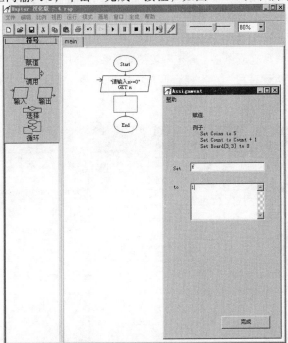

（a）设置 f=1

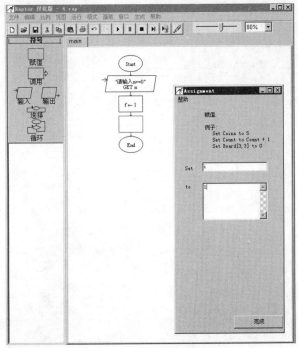

（b）设置 i=1

图 8-30　输入"赋值"框

（5）在第 2 个"赋值"框的下方添加 1 个"循环"符号。双击菱形框，在打开的"循环"窗口中输入 i>n，单击小方块，使其中"+"变成"−"（表示可以扩展）。

（6）在"No"分支的下方添加 2 个"赋值"符号，分别设置为 f←f×i，i←i+1；在 Yes 分支的末端添加 1 个"输出"符号，设置输出项为"n!= "+f。

选择"运行"→"运行"命令，系统将按照流程图描述的命令实现 *n*! 的计算，当在输入框中输入 7 并按【Enter】回车键或单击"确定"按钮时，系统会用不同的颜色表示执行到了哪一步，可以看到"程序"动态执行过程，在主控台窗口中输出结果，在窗口的左侧下半部分给出变量变化的值，如图 8-31 所示。

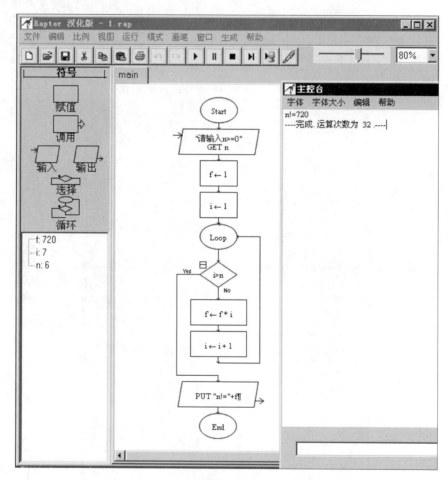

图 8-31　流程图运行结束后的界面

五、实验要求

（1）熟悉 Raptor 软件的主菜单命令、主界面窗口的布局。

（2）熟练掌握 7 种基本符号的画法及其设置。

（3）能够根据解题思路构造流程图。

（4）运用 Raptor 软件进行流程图设计，实现下述功能。

① 输入 n（n>0）的值，依次读取 n 个整数，求出这 n 个数中的最大数。

② 计算前 n（n>0，n 由键盘输入）个自然数的累加和。

③ 某学校将学生的学业成绩分为 4 个等级。60 分以下的为 common，60~75 分的为 good，76~84 分的为 better，85 分以上的为 best。从键盘输入某一学生的成绩，输出该生的学业等级。

④ 某商场店庆推出优惠打折活动，消费金额在 1500 元以下的，实际消费金额按 9.2 折算；消费金额在 1501~3000 元的，实际消费金额按 8 折计；消费金额在 3001 元以上的，实际消费金额按 6.8 折计。输入某消费者的消费金额，输出该消费者实际消费金额。

⑤ 求 1! +2! +3! +…9!。

实验二 Raptor 的高级应用

一、实验学时

2 学时。

二、实验目的

（1）掌握 Raptor 中常用函数的使用方法。
（2）掌握 Raptor 中数组的概念以及使用方法。
（3）掌握 Raptor 创建冒泡排序流程图的方法。

三、相关知识

1．常用数学函数

Raptor 提供了丰富的数学函数。常用的数学函数如表 8-2 所示。

表 8-2 Raptor 中常用的数学函数

函 数 形 式	功 能	举 例
ABS(X)	计算 X 的绝对值	ABS(−23)=23
MAX(X,Y) MIN(X,Y)	计算 X、Y 的最大（小）值	MAX(23,43)=43
FLOOR(X)	计算不大于 X 的最大整数	FLOOR(15.9)=15
CEILING(X)	计算不小于 X 的最小整数	Ceiling(15.9)=16
random	计算[0.0,1.0)之间的随机数	Floor(Random*6+1)

若要生成[a,b](a>b)之间的随机数，可使用 floor(random*(b−a+1) +a)实现。如要生成[1,1000]之间的随机数，可使用 floor(random*(1000−1+1) +1)实现。

2．数组的概念

数组定义为具有共同名称的一组变量的集合，这个共同的名字称为数组名。在 raptor 中数组的下标值从 1 开始。如 a[5]<−7 定义了一个具有 5 个数组元素的一维数组 a，a 的 5 个数组元素分别是 a[1]、a[2]、a[3]、a[4]、a[5]，并且 a[1]~a[4]的初始值为 0，a[5]的初始值为 7。数组 a 的存储结构如图 8-32 所示。

a[1]	a[2]	a[3]	a[4]	a[5]

图 8-32　一维数组 a[5]的存储结构

四、实验范例

（1）初始化一个具有 10 个数组元素的一维数组，使数组元素的值等于其下标值的平方，输出该数组。

分析：首先需要定义一个具有 10 个元素的一维数组 a[10]，在 Raptor 中，可使用赋值语句 a[10]<-0 来实现，表示数组 a 的 10 个元素均为 0。再使用循环结构为数组的每个元素赋值，每个数组元素 a[i] 可使用 a[i] <-i*i 赋值。最后在循环结构中输出每个数组元素。

操作步骤：

① 启动 Raptor，根据自然语言描述的算法步骤，在 Start 和 End 两个符号中间添加赋值符号，定义一个具有 10 个元素的一维数组 a，如图 8-33 所示。

② 在添加循环符号之前，先要定义循环变量 i，由于数组的下标是从 1 开始的，因此循环变量 i 的初始值为 1，如图 8-34 所示。

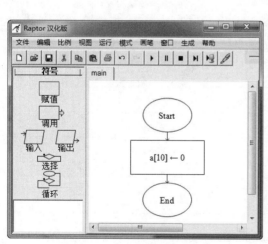

图 8-33　定义一维数组 a[10]

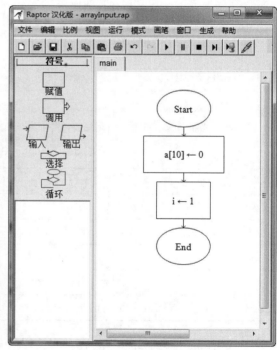

图 8-34　定义循环变量

③ 添加循环符号，双击循环符号，打开"循环"窗口，在输入框中输入循环结束的条件 i>10，如图 8-35 所示。

④ 在循环体中添加两个赋值符号，依次对数组元素进行赋值和对循环变量进行编辑，如图 8-36 所示。

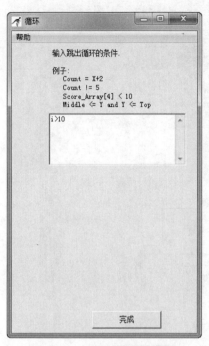

图 8-35　添加循环结束条件

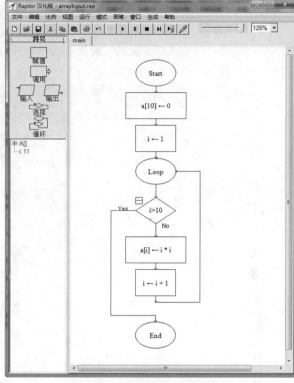

图 8-36　添加循环体中的符号

⑤　在循环体的两个赋值符号之间添加输出符号，输出数组元素，如图 8-37 所示。

⑥　运行结果如图 8-38 所示。

若将循环结构中输出符号和循环变量的赋值符号交换位置，将会出现图 8-39 所示的结果，这是因为为当前的数组元素赋值后，循环变量执行了加 1 的操作后，输出的将是下一个数组元素。如当前的循环变量 i 的值为 4，执行数组赋值语句后数组元素 a[4]的值更改为 16，之后循环变量执行加 1 操作，变为 5，输出的是数组元素 a[5]的值，a[5]在定义数组时被系统自动赋值为 0，所以输出 0。当循环变量为 10 时，a[10]的值更改为 100，再次执行了循环变量的加 1 操作，输出 a[11]时，系统给出了"A 没有 11elements."的提示，这就是数组的越界使用。

（2）使用随机函数初始化一个具有 15 个数组元素的一维数组，使每个数组元素的值在[1,200]之间，求该数组的平均值以及大于平均值数组元素的个数。

分析：因数组元素的值在[1,200]之间，可使用公式 floor(random*(200-1+1) +1)实现。对数组求平均值，必须先对数组求和，在使用循环结构对数组元素进行赋值操作之前必须定义求和变量 sum，并且赋值为 0。在循环结构中，数组元素赋值后就该数组元素进行累加计算到 sum 上。当为全部数组元素进行了赋值操作，也就计算了数组 15 个元素的和。在第一次循环结束后，求数组的平均值。计算大于平均值数组元素的个数，必须定义一个计数器 cnt，其初始值为 0。再一次使用循环结构，用求得的平均值和数组的每一个元素进行比较，如果当前的数组元素大于平均值，则计数器 cnt 加 1，直至用平均值比较完所有的数组元素为止。最后输出大于平均值数组元素的个数。

操作步骤：

启动 Raptor，根据自然语言描述的算法步骤，在 Start 和 End 两个符号中间依次添加算法描述中的流程图符号，以构成求解题的"程序"，如图 8-40 和图 8-41 所示。程序运行后，结果显示在"主控台"窗口，如图 8-42 所示。

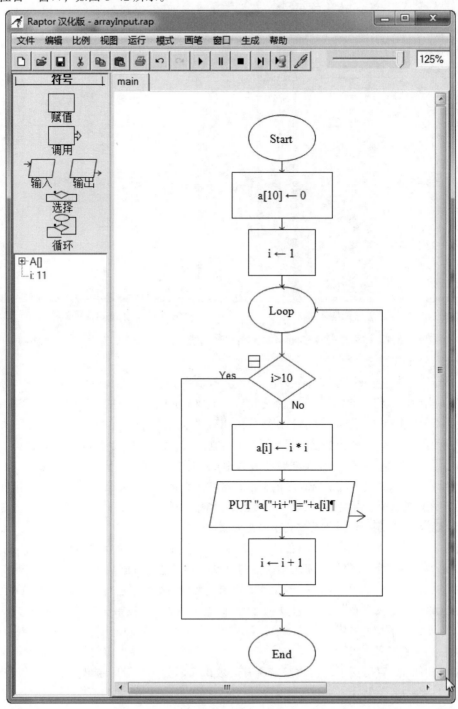

图 8-37　添加输出符号并完成数组元素输出

图 8-38 运行结果

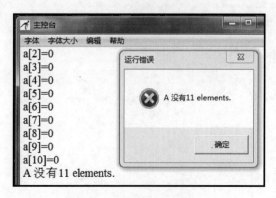

图 8-39 数组越界提示

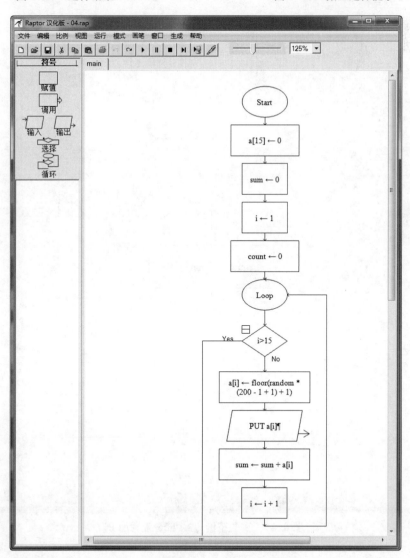

图 8-40 实验范例（2）部分流程图 1

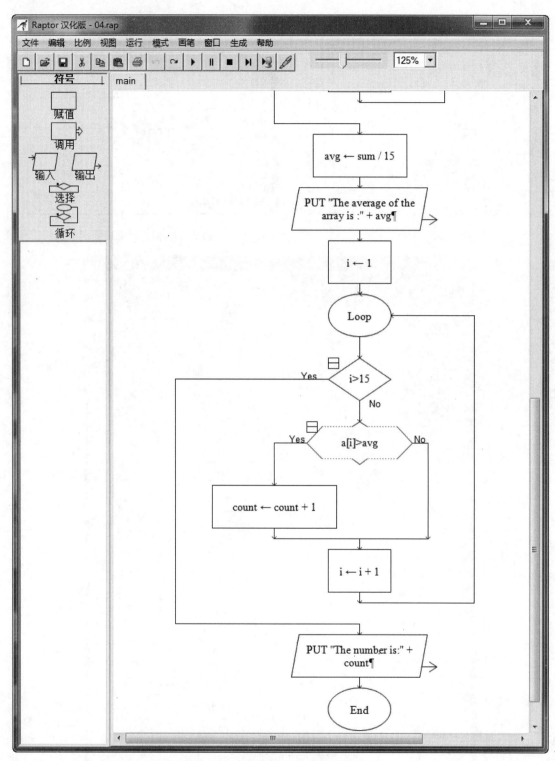

图 8-41　实验范例（2）部分流程图 2

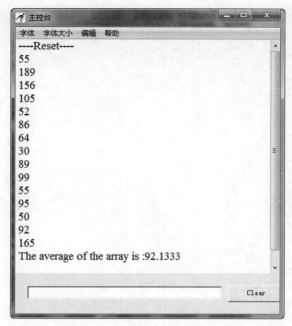

图 8-42　实验范例（2）运行结果

（3）利用 Raptor 软件，完成 10 个整数由小到大（使用冒泡排序法）的输出。

其算法描述如下：

第一步：定义数组 arr 存放待排序的 10 个数。

第二步：定义变量 j 表示比较的趟数，定义变量 i 表示每一趟比较的次数，定义变量 temp 作交换时的临时变量。

第三步：利用循环把 10 个随机数赋值给数组元素。

第四步：j=1。

第五步：构建外层循环体（控制趟数，共 9 趟）。

第六步：i=1。

第七步：构建内层循环条件，判断两个相邻的数组元素是否要交换位置，即构建循环体（控制每一趟比较的次数，从 1 变化到 10-j）。将 arr [i] 与 arr[i+1] 比较，如果 arr[i] 比 arr[i+1] 大，令 arr[i] 与 arr[i+1] 互换值，即 temp= arr[i]，arr[i]= arr[i+1]，arr[i+1]=temp。

第八步：利用循环输出排序后的数组元素。

操作步骤：

启动 Raptor，根据自然语言描述的算法步骤，在 Start 和 End 两个符号中间依次添加算法描述中的流程图符号，以构成求解题的"程序"，如图 8-43 ~ 图 8-45 所示。程序运行后，结果显示在"主控台"窗口里，如图 8-46 所示。

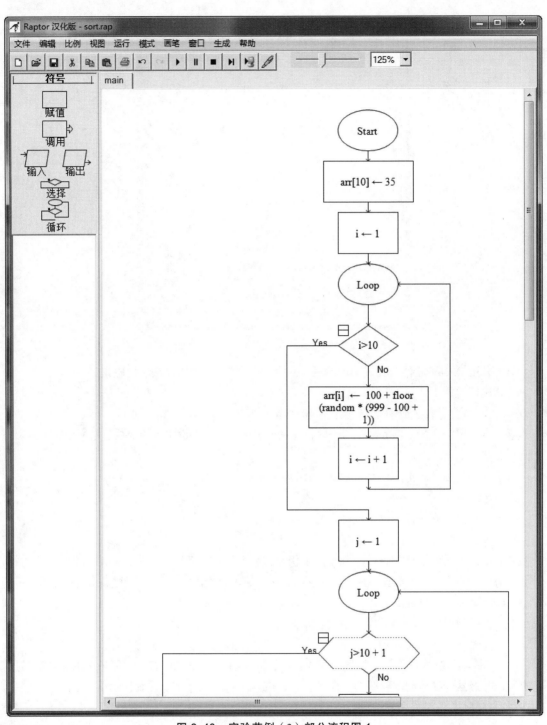

图 8-43　实验范例（3）部分流程图 1

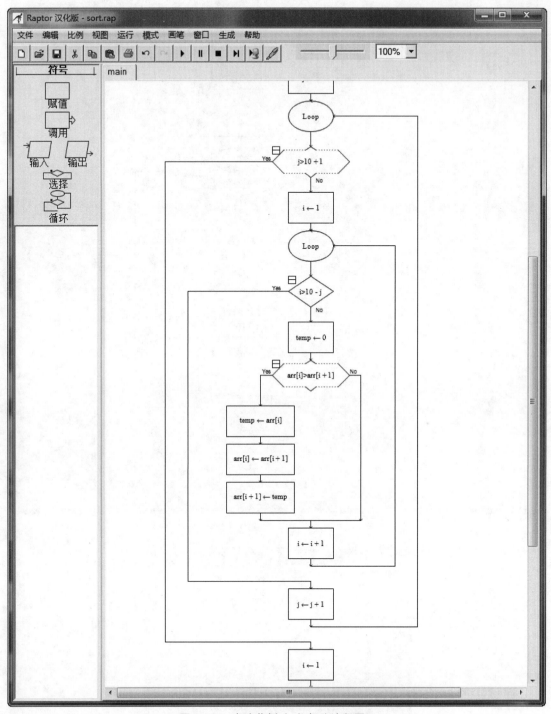

图 8-44　实验范例（3）部分流程图 2

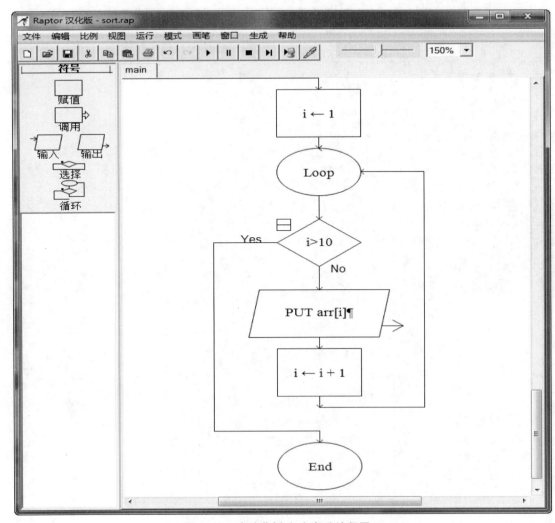

图 8-45　实验范例（3）部分流程图 3

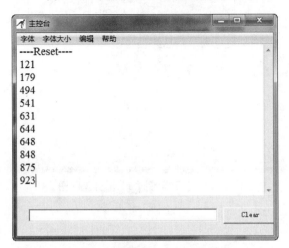

图 8-46　实验范例（3）运行结果

五、实验要求

（1）掌握 Raptor 中数组的概念以及使用方法。

（2）掌握 Raptor 中常用函数的使用方法。

（3）掌握 Raptor 创建冒泡排序算法流程图的方法。

（4）运用 Raptor 软件进行流程图设计，实现下述功能。

① 求三位数中能被 2 和 3 整除但是不能被 7 整除的数字的个数。

② 从键盘输入 3 个[10,20]之间的整数与 1 个[50,70] 之间的整数。系统随机生成 3 个[10,20] 之间的整数与 1 个[50,70] 之间的整数。判断自己输入的整数和系统生成的整数是否一一对应。如果是，输出 yes，否则输出 no。提示：若要生成[a,b]（a>b）之间的随机数，可使用 floor(random*(b-a+1) +a) 生成。

③ 初始化一个具有 20 个数组元素的一维数组 array，使用随机函数初始化该数组，使数组元素的值在[1,1000]之间，求该数组的最大值。

④ 有一个序列{57,87,34,23,55,47,21,77,8}，使用冒泡排序法按照由大到小的顺序输出该序列。

实验三　Raptor 的图形绘制

一、实验学时

2 学时。

二、实验目的

（1）学会过程调用。

（2）掌握 Raptor 提供的关于绘图的子过程。

（3）掌握使用 Raptor 提供的子过程绘制图形的方法。

三、相关知识

1. 过程调用（Call）

过程调用符号如图 8-47 所示，表示执行一组在命名过程中定义的指令。将过程调用符号添加到流程图中，双击该符号，打开"调用"窗口，如图 8-48 所示。在输入框中输入 Open_Graph_Window(300,300)，运行该程序，将显示图 8-49 所示的窗口。

图 8-47　过程调用符号

2. 子过程 Open_Graph_Window(X_Size, Y_Size)

Open_Graph_Window(X_Size, Y_Size)的两个参数表示显示窗口的长为 X_Size、高为 Y_Size，两个参数的单位均为像素。用 Open_Graph_Window 打开 Raptor Graph 后，白色背景中将出现一个打开的 Window。Window 左下角像素的坐标为(1,1)。如 Open_Graph_Window(300,300)表示打开一个长为 300 为像素、高为 300 像素的窗口。

3. 子过程 Set_Window_Title(Title)

Set_Window_Title(Title)的参数 Title 为一个字符串，用以显示窗口的标题。如 Set_Window_Title("My first Graphy")。

如显示一个长为 200 像素、高为 400 像素的窗口，将窗口的标题显示为 My first Graphy，可使用图 8-50 所示的流程图，运行结果如图 8-51 所示。

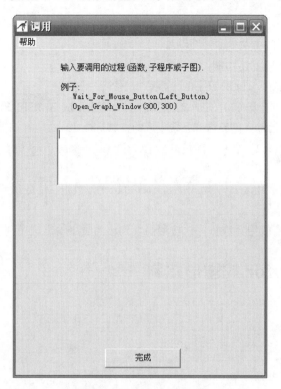

图 8-48 "调用"窗口

图 8-49 调用系统子过程显示的窗口

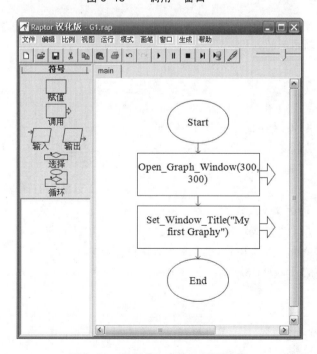

图 8-50 显示窗口及窗口标题流程

图 8-51 显示窗口

4．Close_Graph_Window 子过程

Close_Graph_Window 子过程没有参数，其功能为关闭窗口过程。

例如：Close_Graph_Window。

5．Raptor 中的颜色 Color

Raptor 中的常用的颜色及其含义如表 8-3 所示。

表 8-3　Raptor 中常用的颜色及其含义

Raptor 中的颜色	含　义
Black	黑色
Green	绿色
Blue	蓝色
Red	红色
Light_Red	浅红色
Yellow	黄色
White	白色

6．子过程 Freeze_Graph_Window 及 Update_Graph_Window

子过程 Freeze_Graph_Window 及 Update_Graph_Window 常用于平滑绘图显示。不同的是，调用 Freeze_Graph_Window 将使每次描画变得明显而导致画面很钝，调用 Update_Graph_Window 使描画迅速可见。结束描画时，用 Unfreeze_Graph_Window 过程将 screen buffer 更新数据可立即描画。

7．子过程 Clear_Window(Color)

子过程 Clear_Window(Color)表示使用指定的颜色填充窗口。如 Clear_Window(Red)表示使用红色填充窗口。

8．子过程 Draw_Box(X1, Y1, X2, Y2, Color, Filled)

子过程 Draw_Box(X1, Y1, X2, Y2, Color, Filled)用于绘制矩形，其中(X1,Y1)为矩形的任一角坐标，(X2,Y2)是与(X1,Y1)相对的另一角坐标。Filled 值为 True(or Yes) or False (or No)，True 表示用指定颜色填充，否则无色。注意：图窗口必须先打开，否则提示 run-time error!。

例如：Draw_Box(50,150,250,25,Green,True)从左(50,150)到右(250,25)绘制绿色矩形，Draw_Box(250,150,50,25,Green,False)在同一位置绘制无色矩形。

9．子过程 Draw_Circle(X, Y, Radius, Color, Filled)

子过程 Draw_Circle(X, Y, Radius, Color, Filled)用于绘制圆形，在中心坐标(X,Y)绘制半径为 Radius 的圆形。Filled 用法同矩形调用。注意：图窗口必须先打开，否则提示 run-time error!。

例如：绘制绿色圆形 Draw_Circle(50,150,25,Green,True)；绘制无色圆形 Draw_Circle (100,250,50,Green,False)。

10．子过程 Draw_Ellipse(X1, Y1, X2, Y2, Color, Filled)

子过程 Draw_Ellipse(X1, Y1, X2, Y2, Color, Filled)用于绘制椭圆，其中(X1,Y1)为起点坐标，(X2,Y2)为终点坐标。注意：图窗口必须先打开，否则提示 run-time error!。

例如：绘制绿色椭圆 Draw_Ellipse(50,150,250,25,Green,True)；绘制无色椭圆 Draw_Ellipse (250,150,50,25,Green,False)。

11. 子过程 Draw_Line(X1, Y1, X2, Y2, Color)

子过程 Draw_Line(X1, Y1, X2, Y2, Color) 用于绘制直线，其中(X1,Y1)为起点坐标，(X2,Y2)为终点坐标。注意：图窗口必须先打开，否则提示 run-time error！。

例如：绘制绿色直线 Draw_Line(50,150,250,25,Green)。

12. 子过程 Wait_For_Mouse_Button(Which_Button)

子过程 Wait_For_Mouse_Button(Which_Button)表示暂停运行直到指定的鼠标键按下，左键优先。参数 Which_Button 必须是 Left_Button 或者 Right_Button 中的一个。注意：图窗口必须先打开，否则提示 run-time error！。

例如：直到鼠标左键按下 Wait_For_Mouse_Button(Left_Button)。

四、实验范例

打开一个长为 450 像素、高为 400 像素的窗口，该窗口的标题为 Raptor Graphics，先绘制一个红色圆心为(200,200)，半径为 50 的圆形；然后将窗口使用黄色填充并绘制一个蓝色的矩形，该矩形的两个顶点坐标分别为(50,50)和(250,250)；当按下鼠标左键时，关闭该窗口。

操作步骤：

（1）启动 Raptor，在 Start 和 End 两个符号中间添加过程调用符号，双击该调用符号，打开"调用"窗口，在输入框中输入 Open_Graph_Window(450,400)，表示打开一个长为 450 像素、高为 400 像素的窗口，如图 8-52 所示。

（2）添加过程调用符号，双击该调用符号，打开"调用"窗口，在输入框中输入 Set_Window_Title("Raptor Graphics")，表示将弹出窗口的标题命名为 Raptor Graphics，如图 8-53 所示。此时，程序运行结果如图 8-54 所示。

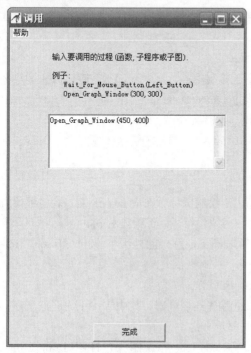

图 8-52 调用显示窗口子过程

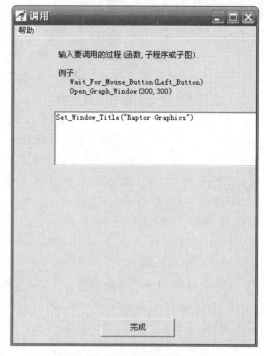

图 8-53 调用窗口标题子过程

（3）添加过程调用符号，双击该调用符号，打开"调用"窗口，在输入框中输入 Freeze_Graph_Window，表示冻结该窗口，如图 8-55 所示。冻结活动窗口，使用户调用绘图子过程所生成的图形不显示在屏幕上，而是显示在缓冲区中，直到调用 Update_Graph_Window 或者 Unfreeze_Graph_Window 子过程才显示图形。这样做的好处是可以平滑地显示用户想要绘制的图形。

图 8-54　显示窗口及窗口标题

图 8-55　调用冻结窗口子过程

（4）添加过程调用符号，双击该调用符号，打开"调用"窗口，在输入框中输入 Draw_Circle (200,200,50,red,filled)，表示在窗口中绘制一个红色、圆心为(200,200)、半径为 50 的圆形，如图 8-56 所示。由于窗口被冻结，所绘制的圆形并不会显示。

（5）添加过程调用符号，双击该调用符号，打开"调用"窗口，在输入框中输入 Update_Graph_ Window，表示更新窗口，使刚才绘制的圆形迅速可见，如图 8-57 所示。此时，程序运行结果如图 8-58 所示。

（6）添加过程调用符号，双击该调用符号，打开"调用"窗口，在输入框中输入 Clear_Window (yellow)，表示使用黄色清空窗口，如图 8-59 所示。此时由于窗口被冻结，该子过程在缓冲区绘制，屏幕并不会显示。

（7）添加过程调用符号，双击该调用符号，打开"调用"窗口，在输入框中输入 Draw_Box (50,50,250,250,blue,filled)，表示绘制一个蓝色矩形。此时由于窗口被冻结，该子过程在缓冲区绘制，屏幕并不会显示。

（8）添加过程调用符号，双击该调用符号，打开"调用"窗口，在输入框中输入 Unfreeze_Graph_ Window，表示解冻窗口，如图 8-60 所示。此时由于窗口被解冻，在缓冲区所绘制的图形会显示在屏幕上，运行结果如图 8-61 所示。

（9）添加过程调用符号，双击该调用符号，打开"调用"窗口，在输入框中输入 Wait_For_Mouse_

Button(Left_button)，表示暂停运行直到鼠标左键按下，如图 8-62 所示。

（10）添加过程调用符号，双击该调用符号，打开"调用"窗口，在输入框中输入 Close_Graph_Window，表示关闭窗口，如图 8-63 所示。

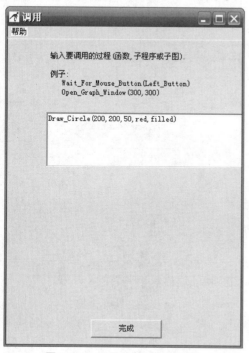

图 8-56　调用绘制圆形子过程

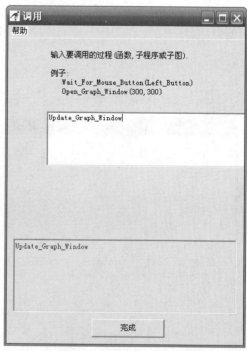

图 8-57　调用更新窗口子过程

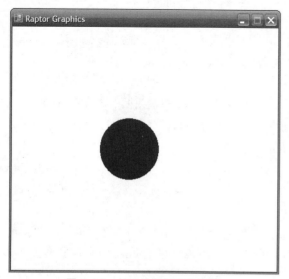

图 8-58　显示绘制的红色圆形

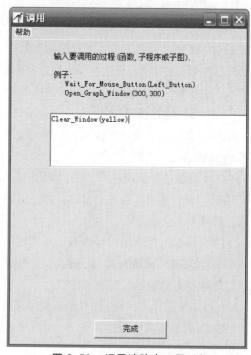

图 8-59　调用清除窗口子过程

图 8-60 调用解冻窗口子过程

图 8-61 绘制蓝色矩形

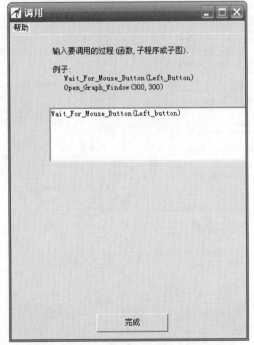

图 8-62 调用等待鼠标响应子过程

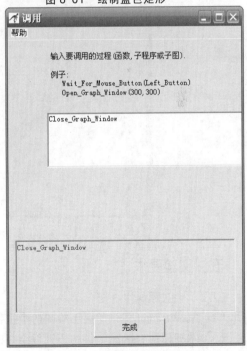

图 8-63 调用关闭窗口子过程

至此，完成本实验范例。完整流程图如图 8-64 所示。

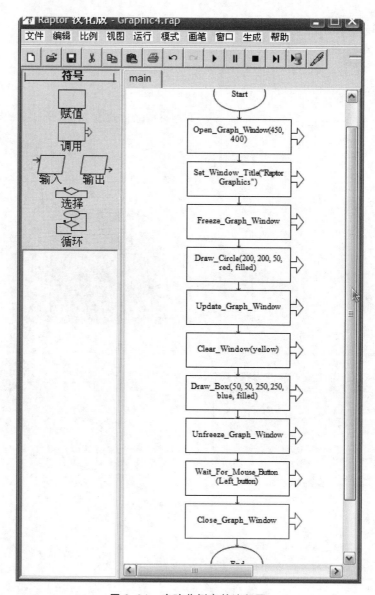

图 8-64　实验范例完整流程图

五、实验要求

（1）学会过程调用。

（2）掌握 Raptor 提供的关于绘图的子过程。

（3）掌握使用 Raptor 提供的子过程绘制图形的方法。

（4）运用 Raptor 软件进行流程图设计，实现下述功能。

打开一个长为 600 像素、高为 600 像素的窗口，该窗口的标题为 My First Graphics，先绘制一个蓝色的椭圆，两个顶点分别为(50,150)和(250,25)椭圆中心为(200,200)；然后将窗口使用绿色填充并绘制一个黄色的圆形，该圆形的圆心为(300,300)，半径为 100；当按下鼠标左键时，关闭该窗口。

第 9 章   C 语言程序设计基础

C 语言是面向过程的程序设计语言，其设计目标是提供一种能以简易的方式编译、处理低级存储器、仅产生少量的机器码以及不需要任何运行环境支持便能运行的程序设计语言。C 语言编译器普遍存在于各种不同的操作系统中，例如 Microsoft Windows、Mac OS X、Linux、UNIX 等。C 语言工作量小、可读性好，易于调试、修改和移植，至今依然广泛使用。

实验一   第一个 C 语言程序——HelloWorld

一、实验学时

1 学时。

二、实验目的

（1）熟悉 Visual Studio 2010 运行环境。
（2）学习 Visual Studio 2010 编程环境下 C 程序的创建、编写和调试过程。
（3）掌握用程序流程图描述算法。

三、相关知识

1. 在 Visual Studio 2010 中创建并运行 C 程序的一般步骤

（1）创建项目。
（2）创建.cpp 文件或者.h 文件。（若添加已有的文件，可直接进行调试运行）
（3）编写源程序。
（4）调试运行程序。

2. 标识符命名规则

在 C 语言中标识符用来命名变量、常量、函数等，C 语言中的标识符命名遵循以下规则：
（1）标识符可以由字母、数字和下画线组成。
（2）标识符首字符只能是字母或下画线。
（3）标识符区分大小写。
（4）标识符不能与 C 语言中的关键字相同。

3．C 语言中的基本数据类型

数值类型决定了需要系统提供的内存空间和运算的精度和速度，所以，应尽可能地选用与存储内容相匹配的数据类型。对 C 语言中基本数据类型的说明如表 9-1 所示。

表 9-1　C 语言中基本数据类型的说明

数据类型	关键字	变量定义	基本输入格式	基本输出格式
字符型	char	char ch;	scanf("%c",&ch);	printf("%c",ch);
整型	int	int num;	scanf("%d",&num);	printf("%d",num);
单精度实型	float	float num;	scanf("%f",&num);	printf("%f",num);
双精度实型	double	double num;	scanf("%lf",&num);	printf("%f",num); 或 printf("%lf",num);

4．变量的定义规则

变量是一个可以存储值的字母或名称。在编写计算机程序时，可以用变量存储数据。如前所述，之所以要使用"变量"，是因为所存储的数据在编程的过程中会因各种情况而产生变化。使用变量有 3 个步骤：声明变量；给变量赋值；使用变量。

声明变量的语法格式如下：

数据类型 变量名[=初始值];

例如：

```
int  a,b,c;                    //声明了 3 个整型变量
char ch;                       //声明了 1 个字符型变量
```

5．运算符的功能及优先级

对常用运算符的说明如表 9-2 ~ 表 9-4 所示。

表 9-2　C 语言中常用算术运算符

运　算　符	说　明	优　先　级
–	取负运算符	1
*	乘法运算符	2
/	浮点除运算符	2
%	余除运算符（取模）	2
–	减法运算符	3
+	加法运算符	3

表 9-3　C 语言中的关系运算符

运　算　符	说　明
>	大于
>=	大于或等于
<	小于
<=	小于或等于
==	等于
!=	不等于

表 9-4　C 语言中的逻辑运算符

运　算　符	说　　明	取　　值
!	逻辑非	取反
&&	逻辑与	全真才为真
‖	逻辑或	有真即为真

不同类型的运算符有如下的先后顺序：圆括号→算术运算符→关系运算符→逻辑运算符。

6．表达式的规则

（1）乘号不能省略。例如，2X 应该写成 2*X。

（2）表达式中的括号都是圆括号()，无方括号和花括号，且圆括号必须成对出现。

（3）对于类似取值范围的书写，不能写成 2<=X<=5。正确的书写方式是：X>=2 and X<=5。

四、实验范例

编写程序，在屏幕上输出 HelloWorld！。通过该项目，认识开发环境，了解 C 源程序从创建到运行的过程。

操作步骤：

（1）在 Windows 桌面上，选择"开始"→"所有程序"→ Microsoft Visual Studio 2010 命令或双击桌面上的 Microsoft Visual Studio 2010 快捷图标（见图 9-1），即可启动 Microsoft Visual Studio 2010 开发环境。

图 9-1　Visual Studio 2010 快捷图标

（2）Visual Studio 2010 主窗口界面如图 9-2 所示。选择"文件"→"新建"→"项目"命令（见图 9-3），打开"新建项目"对话框，如图 9-4 所示。

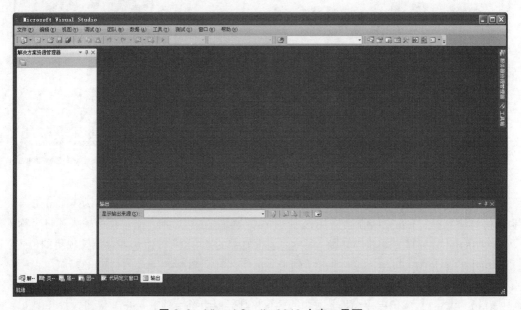

图 9-2　Visual Studio 2010 主窗口界面

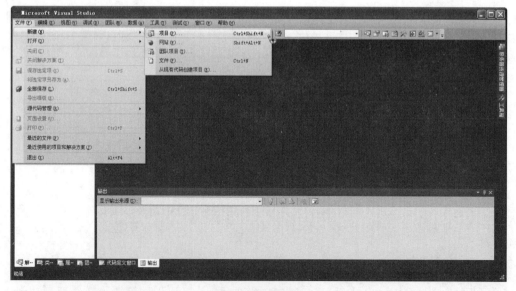

图 9-3　新建项目

图 9-4　"新建项目"对话框

（3）在"新建项目"对话框左侧"已安装的模板"列表框中选择开发语言为 Visual C++；在中间列表框中选择"Win32 控制台应用程序 Visual C++"；在"名称"文本框中输入项目名称（本项目中使用 HelloWorld），单击"位置"下拉列表框右侧的"浏览"按钮选择存储该项目的位置（本项目所使用的是 F:\My Projects）；单击"确定"按钮，打开图 9-5 所示的"Win32 应用程序向导–HelloWorld"对话框。

（4）在"Win32 应用程序向导 –HelloWorld"对话框中单击"下一步"按钮，打开图 9-6 所示的"应用程序设置"对话框。在"应用程序类型"选项组中选择"控制台应用程序"单选按钮；

在"附加选项"选项组中选择"空项目"复选框。如果设置有误，可单击"上一步"按钮，如果设置无误，单击"完成"按钮；自动加载新建的项目（由于之前设置的项目名为 HelloWorld，所以创建一个名为 HelloWorld 的解决方案），如图 9-7 所示。

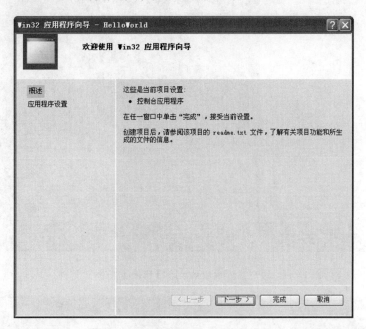

图 9-5　"Win32 应用程序向导 –HelloWorld"对话框

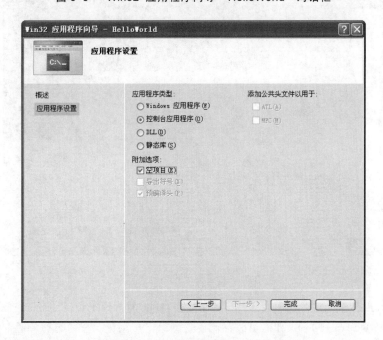

图 9-6　"应用程序设置"对话框

（5）在"解决方案资源管理器"中右击"源文件"，在弹出的快捷菜单中选择"添加"→"新建项"命令，如图 9-8 所示。打开"添加新项"对话框，如图 9-9 所示。

图 9-7　HelloWorld 项目创建成功

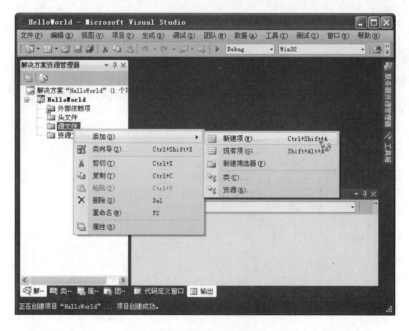

图 9-8　选择为项目添加新建项

（6）在"添加新项"对话框中间选择"C++文件（.cpp） Visual C++"选项，输入名称（本实验中的名称为 HWSourceFile），如需更改存储位置，单击"浏览"按钮选择，通常情况下使用默认路径（使创建的资源文件和该项目的其他文件位于同一文件夹中）。最后单击"添加"按钮，打开图 9-10 所示的源文件编辑窗口，可在光标闪烁处编写源文件。

图 9-9　"添加新项"对话框

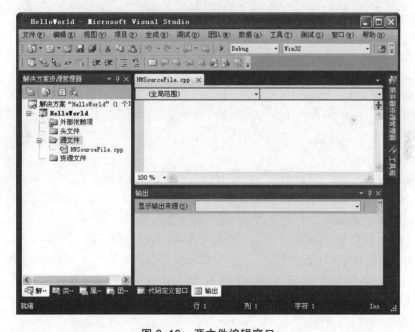

图 9-10　源文件编辑窗口

（7）在源文件编辑窗口中输入源程序代码。本例输入以下 C 程序，如图 9-11 所示。

```
#include <stdio.h>
#include <stdlib.h>

int main()
{
    printf("HelloWorld!\n");

    system("pause");
    return 0;
}
```

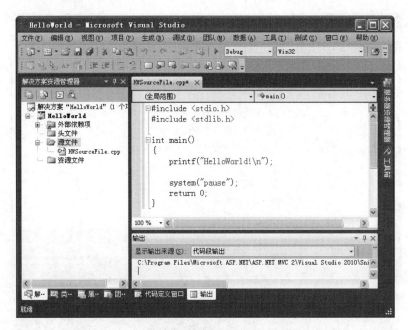

图 9-11　在源文件编辑窗口中编写源程序代码

　　main 是主函数的函数名，表示这是一个主函数。每个 C 源程序都必须有且只能有一个主函数（main( )函数）。"return 0;"表示 int main( )函数执行成功，返回 0。主函数的说明也可定义为 void main( )或 main( )，此时可省略 return 语句。

　　函数调用语句 printf( )函数的功能是把要输出的内容送到显示器去显示。printf( )函数是一个在 stdio.h 文件中定义的标准函数，可在程序中直接调用，因此源程序首部要书写预处理语句#include <stdio.h>或#include "stdio.h"。

　　语句"system("pause");"执行系统环境中的 pause 命令，起暂停作用，等待用户信号；不然控制台程序会一闪即过，来不及看到执行结果，用户按任意键结束。system( )函数是 C 语言标准库的一个函数，定义在 stdlib.h 中，可以调用系统环境中的程序。

　　至此，就在 F 盘的 MyProjects 文件夹下创建了 HelloWorld 源程序文件。

　　C 语言编写的源程序是不能直接运行的。计算机只能识别和执行由 1 和 0 组成的二进制代码指令，不能识别和执行由高级语言编写的源程序。源程序是用某种程序设计语言编写的程序，其中的程序代码称为源代码。一个高级语言编写的源程序，必须用编译程序把高级语言程序翻译成机器能够识别的二进制目标程序，通过系统提供的库函数和其他目标程序的连接，形成可以被机器执行的目标程序。一个 C 语言源程序到扩展名为.exe 的可执行文件，一般需要经过编辑、编译、连接、运行 4 个步骤。上面编辑的源程序 HWSourceFile.cpp 要想让计算机执行，需要经过图 9-12 所示的步骤进行编译连接。

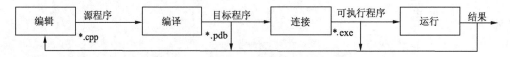

图 9-12　C 语言源程序编译连接流程图

　　编译时，系统会对源程序文件 HWSourceFile.cpp 中的语法错误进行检测，并在信息输出窗口中给出反馈，编程者根据提示将错误一一纠正后完成编译，形成目标文件 HelloWorld.pdb。连接是将程序中所加载的头函数及其他文件连接在一起，形成完整的可执行文件 HelloWorld.exe。

在项目管理模式下，源文件输入、编辑完成后选择"文件"→"保存"命令保存文件，然后对其进行编译、连接和运行。

（8）单击工具栏中的"启动调试"按钮（见图 9-13），打开图 9-14 所示的调试选择对话框，单击"是"按钮，程序编译后，显示图 9-15 所示的运行结果。

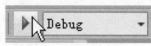

图 9-13　"启动调试"

图 9-14　调试选择对话框

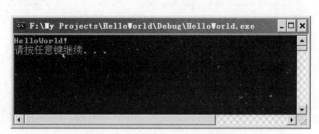

图 9-15　实验项目 1 运行结果

如果将该程序中的"#include <stdlib.h>"和"system("pause");"两行程序删除，再"启动调试"，程序调试没有错误，但是图 1-14 所示的程序结果一闪而过，无法看到结果，这时可按【Ctrl+F5】组合键调试程序，查看结果。

当程序有语法错误时，会打开图 9-16 所示的对话框，单击"是"按钮，打开图 9-17 所示的对话框，单击"否"按钮。

图 9-16　调试对话框 1

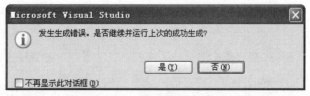

图 9-17　程序错误对话框

源程序编译信息将会在信息输出窗口中显示。如果程序有语法错误，出错信息就显示在信息输出窗口中，包括错误的个数、位置、类型，可以直接双击错误信息，系统可以实现错误的自动定位，如图 9-18 所示。对源文件出错信息修改后再编译，一直到源程序正确为止。

在图 9-18 所示的信息输出窗口中，可以看到源程序 HWSourceFile.cpp 的编译错误有"生成：成功 0 个，失败 1 个，最新 0 个，跳过 0 个"的错误提示，错误信息为：[1>f:\my projects\helloworld\

helloworld\HWSourceFile.cpp(8): error C2146: 语法错误: 缺少";"（在标识符"system"的前面）]，此行信息可以确定错误发生在 HWSourceFile.cpp 文件的第 5 行，并且是语法错误，根据提示信息得知 system 前丢失了分号";"， 可以直接双击错误信息行，系统会定位到发生错误的位置，即程序中的第 5 行，在 system 之前补写上分号";"，即在程序第 4 行语句结束位置补写分号";"，再次编译即可。如果程序中没有错误，直接执行程序，系统已生成目标文件 HWSourceFile.pdb，并保存于工程下的 debug 文件夹中。

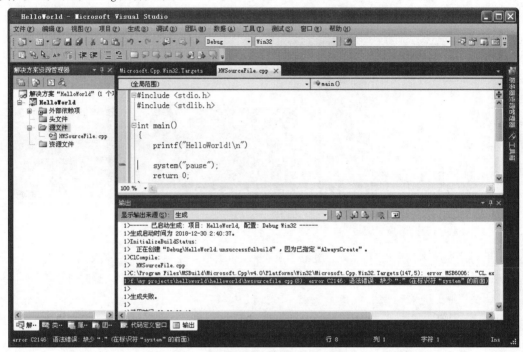

图 9-18　编译出错时输出的信息

要注意的是：C 语言源程序的每一条语句需要以";"作为语句结束，但预处理命令、函数头和花括号"}"之后不能加分号。

以上就是在 Visual Studio 2010 中创建 C 程序的方式，实现了 C 程序的编辑、编译、连接、运行的全过程。

说明：

① 一个工程可以包含多个源程序文件和头文件，至少有一个源程序文件，可以没有头文件；当一个工程包含多个源程序文件时，只能有一个源程序文件包含 main( )函数，也就是说一个工程文件只能有一个 main( )函数，否则将会发生编译错误。

② 若打开原来已存盘的工程项目，选择"文件"→"打开"→"项目/解决方案"命令，在打开的对话框中选择工程项目所在的路径，选择项目的.sln 文件（该文件是在创建项目时自动生成的项目解决方案），单击"打开"按钮，编辑、连接、运行等步骤与前面项目管理模式相同。

③ 在 Visual Studio 2010 环境下编辑 C 程序，对于单行注释允许惯用的简化标记符"//"，对于多行注释，使用 "/*------*/"标记形式。

④ 从书写清晰，便于阅读、理解、维护的角度出发，在书写程序时应遵循以下规则：

● 一个说明或一个语句占一行。

- 用{}括起来的部分，通常表示程序的某一层次结构。{}一般与该结构语句的第一个字母对齐，并单独占一行。低一层次的语句或说明可比高一层次的语句或说明缩进若干格后书写。以便看起来更加清晰，增加程序的可读性。在编程时应力求遵循这些规则，以养成良好的编程风格。

（9）要退出 Visual Studio 2010 开发环境，可选择"文件"→"退出"命令，或单击开发环境右上角的"关闭"按钮。

五、实验要求

任务

编写一个 C 语言程序文件，输出下面的结果。

这是我的第一个 C 程序！

实验二 C 语言的分支结构——编程计算身体质量指数（BMI）

一、实验学时

1 学时。

二、实验目的

（1）熟悉选择结构相关语句，掌握选择结构的编程思想。
（2）熟练掌握单分支结构、双分支结构和多分支结构的使用。

三、相关知识

选择结构可以使某一条或几条语句在流程中不被执行或被执行，C 语言中使用 if 语句和 switch 语句实现选择结构。

1. 单分支选择结构

单分支选择结构的形式为：

```
if (表达式) 语句;
```

其执行流程如图 9-19 所示。

首先判断表达式的值是否为真，若表达式的值非 0，则执行其后的语句；否则不执行该语句。

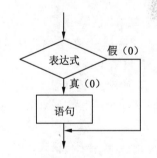

图 9-19 单分支选择结构执行流程

注意：
（1）在 if 语句中，if 关键字后的表达式必须用( )括起来，且之后不加分号。
（2）条件语句在语法上仅允许每个分支中带一条语句，而实际分支中要处理的操作往往需要多条语句才能完成，这时就要把它们用{}括起来，构成复合语句来执行。

2. 多分支选择结构

多分支 if 语句即 if...else if 形式的条件语句，其一般形式为：

```
if(表达式1) 语句1;
```

```
else if(表达式2) 语句2;
    …
else if(表达式n) 语句n;
else 语句n+1;
```

其执行流程如图 9-20 所示：依次判断条件表达式的值，当出现某个值为真时，则执行其对应的语句，然后跳出整个 if 结构继续执行程序；如果所有的表达式均为假，则执行语句 n+1，然后继续执行后续程序。

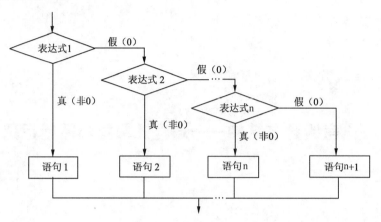

图 9-20　多分支选择结构执行流程

3. 多分支选择结构

当有多个分支选择时，除了可以使用 if…else if 结构，还可以采用嵌套结构。

当 if 语句的执行语句又是 if 语句时，就构成了 if 语句的嵌套。

如果 if 语句中的执行语句又是 if…else 型，将会出现多个 if 和多个 else 重叠的情况，这时要特别注意 if 和 else 的配对问题。

C 语言规定：在省略花括号的情况下， else 总是与它上面最近的并且没有和其他 else 配对的 if 配对。

学习时不要被分支嵌套所迷惑，只要掌握 else 与 if 配对规则，依次匹配 if 与 else，弄清各分支所要执行的功能，嵌套结构也就不难理解了。

此外，为了保证嵌套的层次分明和对应正确，不要省略掉"{"和"}"，另外在书写时尽量采取分层递进式的书写格式，内层的语句往右缩进几个字符，使层次清晰，有助于增加程序的可读性。

4. switch 语句

switch 语句能够根据表达式的值（多于两个）来执行不同的语句。

switch 语句一般与 break 语句配合使用。其一般形式为：

```
switch(表达式)
{
    case 常量表达式1: 语句1;
    case 常量表达式2: 语句2;
    …
    case 常量表达式n: 语句n;
    default: 语句n+1;
}
```

其执行过程是：计算 switch 后面表达式的值，逐个与其后的 case 常量表达式的值相比较，当表达式的值与某个常量表达式的值相等时，即执行其后的语句，然后不再进行判断，继续执行后面所有 case 后的语句。如表达式的值与所有 case 后的常量表达式均不相同时，则执行 default 后的语句。

四、实验范例

编写程序，当输入某人的体重 w（单位：kg）和身高 l（单位：m）后，计算身体质量指数 BMI=w/(l*l)，并输出相应的提示信息。BMI 中国标准及相应提示如表 9-5 所示。

表 9-5　BMI 中国标准及相应提示

分　类	BMI 范围	输出提示信息
偏瘦	<=18.4	偏瘦，请加强营养！
正常	18.5~23.9	正常，身材不错！
偏重	24.0~27.9	偏重，注意锻炼噢！
肥胖	>=28	肥胖，少吃多运动噢！

参考程序代码如下：

```c
#include <stdio.h>
#include <stdlib.h>

int main()
{
    double w,l,bmi;

    printf("请输入体重(kg): \n");
    scanf("%lf",&w);
    printf("请输入身高(m): \n");
    scanf("%lf",&l);

    bmi=w/(l*l);

    if(bmi<=18.4)
        printf("偏瘦，请加强营养! \n");
    else if(bmi<=23.9)
        printf("正常，身材不错! \n");
    else if(bmi<=27.9)
            printf("偏重，注意锻炼噢! \n");
        else
            printf("肥胖，少吃多运动噢! \n");
    system("pause");
    return 0;
}
```

当输入某人的体重 65、身高 1.72 后，运行结果如图 9-21 所示。

五、实验要求

任务

用 C 语言编写程序实现：给出一个百分制成绩，要求输出成

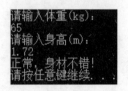

图 9-21　BMI 程序运行结果

绩等级 A、B、C、D、E。90 分以上为 A，81~89 分为 B，70~79 分为 C，60~69 分为 D，60 以下为 E。

实验三　C 语言的循环结构——编程输出九九乘法表

一、实验学时

1 学时。

二、实验目的

（1）掌握各种形式循环语句的使用以及各种语句之间的差别，学会在编程中使用合适的循环结构解决问题。

（2）熟悉使用 for 语句，关键在于如何利用循环控制变量来控制循环的结束条件。

（3）学会使用 for 语句的各种嵌套，并且会输出二维图形。

三、相关知识

1. while 语句

while 语句的一般形式为：

```
while(条件)
    循环体语句
```

该语句用来实现"当型"循环结构，其执行过程是：首先判断条件的真伪，当值为真（非 0）时执行其后的语句，每执行完一次语句后，再次判断条件的真伪，以决定是否再次执行语句部分，直到条件为假时结束循环，并继续执行循环程序外的后续语句。这里的语句部分称为循环体，它可以是一条单独的语句，也可以是复合语句。while 语句的执行流程如图 9-22 所示。

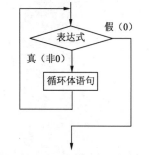

图 9-22　while 语句执行流程

在使用 while 语句编写程序时需要注意以下几点：

（1）while 是关键字。while 后圆括号内的表达式一般是条件表达式或逻辑表达式，也可以是 C 语言中任意合法的表达式，其计算结果为 0 则跳出循环体，非 0 则执行循环体。

（2）循环体语句可以是一条语句，也可以是多条语句，如果循环体语句包含多条语句，则需要用一对花括号 "{}" 把循环体语句括起来，采用复合语句的形式。

```
while(条件)
{
    语句 1；
    语句 2；
    …
}
```

（3）避免出现"死循环"。使用 while 循环一定注意要在循环体语句中出现修改循环控制变量的语句，使循环趋于结束，否则条件表达式的计算结果永远为"真"，就会出现死循环。

（4）可能出现循环体不执行。while 循环是先判断表达式的值，后执行循环体，因此，如果一开始表达式为假，则循环体一次也不执行。

（5）while 后面圆括号内的表达式一般为关系表达式或逻辑表达式，但也可以是其他类型的表达式，如算术表达式等。只要表达式运算结果为非 0，就表示条件判断为"真"，运算结果为 0，就表示条件判断为"假"。例如下面的几种循环结构，它们所反映的逻辑执行过程是等价的，均表示当 n 为奇数时执行循环体，否则退出循环。

```
while(n%2)          while(n%2==1)          while(n%2!=0)
{                   {                      {
    ...                 ...                    ...
}                   }                      }
```

（6）条件表达式可能只是一个变量，根据变量的值来决定循环体的执行，变量值非零，则执行循环体，变量值为零，则结束循环。

2．for 语句

for 语句是 C 语言所提供的功能更强，使用更广泛的一种循环语句。其一般形式为：

```
for(表达式1;表达式2;表达式3)
    循环体语句
```

在该结构中各个参数的作用如下：

表达式 1：通常用来给循环变量赋初值，一般是赋值表达式。也允许在 for 语句外给循环变量赋初值，此时可以省略该表达式。

表达式 2：通常是循环条件，一般为关系表达式或逻辑表达式。

表达式 3：通常可用来修改循环变量的值，一般是赋值语句。

这 3 个表达式都可以是逗号表达式，即每个表达式都可由多个表达式组成。3 个表达式都是任选项，都可以省略。该语句的执行过程如下：

（1）计算表达式 1 的值。

（2）计算表达式 2 的值，若值为真（非 0）则执行循环体，否则跳出循环。

（3）循环体执行完毕，计算表达式 3 的值，转回第（2）步重复执行。

在整个 for 循环过程中，表达式 1 只计算一次，表达式 2 和表达式 3 则可能计算多次。循环体可能多次执行，也可能一次都不执行。其执行流程如图 9-23 所示。

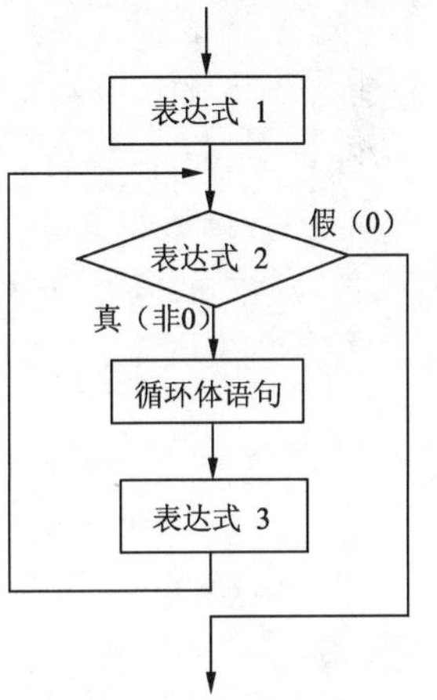

图 9-23　for 语句执行流程

在使用 for 语句编写程序时需要注意以下几点：

（1）for 语句中的 3 个表达式均可以省略，但是两个分号不能省略。

如果 for 语句中的表达式 1 被省略，表达式 1 的内容可以放在 for 循环结构之前。表达式 1 的内容一般来说是给循环变量赋初值，那么如果在循环结构之前的程序中循环变量已经有初值，那么表达式 1 就可以省略，但第一个分号不能省。例如：

```
for(n=1;n<=30;n++)
```

可改写为：

```
n=1;
for(;n<=30;n++)
```

二者完全等价。

如果表达式 2 省略，就意味着每次执行循环体之前不用判断循环条件，循环会无休止地执行下去，形成"死循环"，虽然编译能通过，但是在编程中要避免此类情况出现。

如果表达式 3 省略，则必须在循环体中另外添加修改循环变量值的语句，保证循环能够正常结束。例如：

```
for(n=2;n<=20;n=n+2)
    s+=n*(n+1);
```

和下面程序段完全等价：

```
for(n=2;n<=20;)
{
    s+=n*(n+1);
    n=n+2;
}
```

（2）表达式 1 和表达式 3 可以是一个简单的表达式，也可以是逗号表达式，即包含一个以上的简单表达式，中间用逗号隔开。

例如，以下程序段：

```
for(i=0,j=10;i<=j;i++,j--)
{
    ...
}
```

表示在循环之初，分别对 i 和 j 赋初值 0 和 10，每一趟循环结束时，分别对 i 增 1，对 j 减 1。

3．do…while 语句

do…while 语句属于"直到型"循环，可以直观地理解为，循环体语句一直循环执行，直到循环条件表达式的值为假为止。do…while 语句的一般形式如下：

```
do
    循环体语句
while(表达式);
```

在使用 do…while 语句编写程序时需要注意以下几点：

（1）do…while 语句中的"while (表达式);"后面的分号不能省略，这一点和 while 语句要区分，while 语句的"while(表达式)"后面一定不能有分号，一旦加了分号，则表示 while 循环到此结束，后面的语句是顺序结构，和循环无关。

（2）do…while 语句是先执行"循环体语句"，后判断表达式，因此无论条件是否成立，将至少执行一次循环体。

while 语句、for 语句和 do…while 语句虽然形式不同，但主要结构成分都是循环三要素，一般来说，可以互相替代。但它们也有一定的区别，使用时应根据语句特点和实际问题需要选择合适的语句。它们的区别和特点如下：

（1）while 和 do…while 语句一般实现条件循环，即无法预知循环的次数，循环只是在一定条件下进行；而 for 语句大多实现计数式循环。

（2）一般来说，while 和 do…while 语句的循环变量赋初值在循环语句之前，循环结束条件是

while 后面圆括号内的表达式，循环体中包含循环变量修改语句；一般 for 循环则是循环三要素集于一行。因此，for 循环语句形式更简洁，使用更灵活。

（3）while 和 for 是先测试循环条件，后执行循环体语句，循环体可能一次也不执行。而 do...while 语句是先执行循环体语句，后测试循环条件，所以循环体至少被执行一次。

四、实验范例

编写程序，输出两种不同格式的“九九乘法表”。

（1）第一种格式如图 9-24 所示。

```
1*1=1   1*2=2   1*3=3   1*4=4   1*5=5   1*6=6   1*7=7   1*8=8   1*9=9
2*1=2   2*2=4   2*3=6   2*4=8   2*5=10  2*6=12  2*7=14  2*8=16  2*9=18
3*1=3   3*2=6   3*3=9   3*4=12  3*5=15  3*6=18  3*7=21  3*8=24  3*9=27
4*1=4   4*2=8   4*3=12  4*4=16  4*5=20  4*6=24  4*7=28  4*8=32  4*9=36
5*1=5   5*2=10  5*3=15  5*4=20  5*5=25  5*6=30  5*7=35  5*8=40  5*9=45
6*1=6   6*2=12  6*3=18  6*4=24  6*5=30  6*6=36  6*7=42  6*8=48  6*9=54
7*1=7   7*2=14  7*3=21  7*4=28  7*5=35  7*6=42  7*7=49  7*8=56  7*9=63
8*1=8   8*2=16  8*3=24  8*4=32  8*5=40  8*6=48  8*7=56  8*8=64  8*9=72
9*1=9   9*2=18  9*3=27  9*4=36  9*5=45  9*6=54  9*7=63  9*8=72  9*9=81
```

图 9-24　“九九乘法表”格式一

参考程序代码如下：

```
#include <stdio.h>
#include <stdlib.h>

int main()
{
for(int i=1;i<10;i++)
{
    for(int j=1;j<10;j++)
        printf("%d*%d=%-4d",i,j,i*j);
    printf("\n");
}
system("pause");
return 0;
}
```

（2）第二种格式如图 9-25 所示。

```
1*1=1
2*1=2   2*2=4
3*1=3   3*2=6   3*3=9
4*1=4   4*2=8   4*3=12  4*4=16
5*1=5   5*2=10  5*3=15  5*4=20  5*5=25
6*1=6   6*2=12  6*3=18  6*4=24  6*5=30  6*6=36
7*1=7   7*2=14  7*3=21  7*4=28  7*5=35  7*6=42  7*7=49
8*1=8   8*2=16  8*3=24  8*4=32  8*5=40  8*6=48  8*7=56  8*8=64
9*1=9   9*2=18  9*3=27  9*4=36  9*5=45  9*6=54  9*7=63  9*8=72  9*9=81
```

图 9-25　“九九乘法表”格式二

参考程序代码如下：

```
#include <stdio.h>
#include <stdlib.h>

int main()
{
```

```
for(int i=1;i<10;i++)
{
    for(int j=1;j<=i;j++)
        printf("%d*%d=%-4d",i,j,i*j);
    printf("\n");
}
system("pause");
return 0;
}
```

请思考这两个格式在编程实现时的差别。

五、实验要求

任务一

使用 while 循环实现九九乘法表。

任务二

编写程序，使用双重循环输出如下图形。

```
********
* *******
** ******
*** *****
**** ****
***** ***
****** **
******* *
********
```

第 ⑩ 章　VB 语言程序设计基础

Visual Basic .NET（简称 VB.NET）为面向对象编程语言，采用事件驱动机制，窗口代码与事件过程代码相互分离，程序更易分析理解。具有程序框架代码自动生成、输入动态提示、实时代码错误监测、权威联机帮助文档支持等功能。

实验一　第一个 VB 语言程序——hello

一、实验学时

1 学时。

二、实验目的

（1）熟悉可视化编程环境，掌握 Windows 窗体应用程序设计的一般步骤，掌握面向对象事件驱动机制编程方法。

（2）熟悉 Visual Basic .NET 的常用数据类型。

（3）熟悉变量、常量定义规则和各种运算符的功能及表达式的构成。

（4）了解部分标准函数的功能和用法。

三、相关知识

1．创建并运行 VB.NET 应用程序的一般步骤

（1）创建并生成项目文件。

（2）在窗体上添加控件并修改属性。

（3）编写控件的事件过程代码。

（4）调试运行程序。

2．标识符命名规则

（1）标识符可以由字母、数字和下画线组成。

（2）标识符只能由字母或下画线开头。

（3）若以下画线开头，则必须至少包含一个字母或数字。

（4）VB.NET 中标识符不区分大小写，但标识符不能与 VB.NET 程序设计语言中的关键字相同。

在 VB.NET 中标识符用来命名变量、常量、过程、函数以及各种控件。这些对象只有在编程环境中被命名，才能够作为编程元素使用。

3．VB.NET 数据类型及选用的一般原则

数值类型决定了需要系统提供的内存空间和运算的精度和速度，所以，应尽可能选用与存储内容相匹配的数据类型。对数据类型的说明如表 10-1 所示。

表 10-1　数据类型的说明

数 据 类 型	关 键 字	存储空间/B	一般选用原则
字节型	Byte	1	有限整数
短整型	Short	2	较小整数
整型	Integer	4	一般整数
长整型	Long	8	较大整数
单精度实型	Single	4	一般实数
双精度实型	Double	8	较大实数
定点数型	Decimal	16	精度要求高时选用
字符型	Char	2	单个字符
字符串型	String	取决于现实平台	任意个字符
逻辑型	Boolean	2	返回逻辑值时
日期型	Date	8	时间日期
对象型	Object	4	任意数据类型

4．常量、变量的定义规则

常量即是在程序运行过程中不变化的数据。在 VB.NET 中使用语句声明常量，语法格式如下：

```
Const 常量名 [As 数据类型] = 表达式
```

例如：

```
Const pi As double=3.1416
```

变量是一个可以存储值的字母或名称。在编写计算机程序时，可以用变量存储数据。如前所述，之所以要使用"变量"，是因为所存储的数据在编程的过程中会因各种情况而产生变化。使用变量有 3 个步骤：声明变量；给变量赋值；使用变量。

声明变量的语法格式如下：

```
Dim 变量名 [As 数据类型][=初始值]
Dim  a,b,c  As integer        '声明了 3 个整型变量
Dim Str1,Str2 As string       '声明了 2 个字符串型变量
```

5．运算符的功能及优先级

对各种运算符的说明如表 10-2 ～ 表 10-4 所示。

表 10-2　算术运算符

运　算　符	说　　明	优　先　级
^	指数运算符	1
–	取负运算符	2
*	乘法运算符	3
/	浮点除运算符	3
\	整除运算符	4
mod	余除运算符（取模）	5
–	减法运算符	6
+	加法运算符	6

表 10-3　关系运算符

运　算　符	说　　明
>	大于
>=	大于或等于
<	小于
<=	小于或等于
=	等于
<>	不等于
Is	比较两个变量引用的对象是否一致
Like	匹配结果为 True，不匹配则结果为 False

表 10-4　逻辑运算符

运　算　符	说　　明	取　　值
Not	逻辑非	取反
And	逻辑与	全真才为真
Or	逻辑或	有真即为真

不同类型的运算符有如下的先后顺序：圆括号→算术运算符→连接运算符→关系运算符→逻辑运算符。

6．表达式的规则

（1）乘号不能省略。例如，2X 应该写成 2*X。

（2）表达式中的括号都是圆括号()，无方括号和花括号，且圆括号必须成对出现。

（3）在 VB.NET 表达式中，使用"/"来代替分数的分号。

（4）对于类似取值范围的书写，不能写成 2<=X<=5。正确的书写方式是：X>=2 And X<=5。

7．常用转换函数（见表 10-5）

表 10-5　常用转换函数

转 换 符	说 明
CStr()	转换为字符串
Str()	转换为字符串时预留前导空格
format()	转换为格式化字符串
val()	转换为数值类型
&	字符串连接符

四、实验范例

设计图 10-1 所示的用户界面，并实现以下功能：当程序启动之后，窗体自动显示"hello world！"，单击"隐藏"按钮，则显示"hello world！"的标签将被隐藏；单击"显示"按钮，则被隐藏的标签重新显示在窗体上；单击"退出"按钮，可结束程序。

图 10-1　用户界面

1．新建项目

选择"开始"→"所有程序"→Microsoft Visual Studio 2013 命令，在 Microsoft Visual Studio 2013 集成开发环境中，通过单击"新建项目"按钮或选择"文件"→"新建项目"命令，打开"新建项目"对话框，在左边"已安装"树状列表中选择"模板"→Visual Basic→Windows 命令，在右边项目模板中选择"Windows 窗体应用程序"模板，并将名称设为 hello，如图 10-2 所示。单击"确定"按钮，系统会自动创建一个名为 Form1 的窗体。在工具栏中单击"保存"按钮，选择位置进行保存。例如，选择位置为 D:\VB.NET，即在 D:\VB.NET 目录下创建一个名为 hello 的项目。

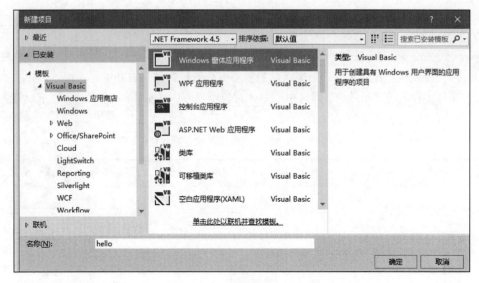

图 10-2　"新建项目"对话框

2．设计用户界面

（1）在窗体上添加控件。

在工具箱中单击 Label 控件图标，移动鼠标指针到 Form1 窗体上确定要放置的位置并单击，则控件以默认大小显示在所选的位置。用相同的方法在窗体 Form1 上放置 3 个 Button 控件，设置完成后如图 10-3 所示。

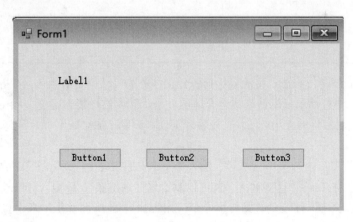

图 10-3　设计中的用户界面

（2）设置对象属性。

在 Visual Studio .NET 2013 中通过设置对象属性可以控制对象显示时的外观特征和执行行为。设置对象属性，既可以在设计时期（Design Time）通过对象对应的"属性"窗口进行设置，也可以在运行时期（Run Time）通过命令代码进行设置和修改。在此，先介绍在设计时期进行属性设置的方法。

要设置一个控件对象的属性，必须先将其选定。被选定的控件周围会显示选取边框和 8 个操作点。选定控件有如下几种方法：

① 单击 Form 上的某个控件。

② 单击"属性"窗口对象右侧的下拉按钮，在对象下拉列表中选择对象。

③ 若要一次选定多个控件，可以先按住【Shift】键，再逐个单击要选的控件；也可以在要选定的控件外按住鼠标左键并拖动，当虚线框包围所有要选的控件后放开鼠标左键。

单击窗体上没有控件的地方，即选中了窗体对象本身。下面按照表 10-6 中的要求设置各控件的属性。

表 10-6　例 10-1 中各控件的主要属性值

控　件	属　性	属　性　值
Form1	Name	Form1
	Text	我的第一个应用程序
Label1	Name	Label1
	Text	hello world！
	Font	字体：宋体；字形：粗体；大小：四号
Button1	Name	Button1
	Text	隐藏
Button2	Name	Button2
	Text	显示
Button3	Name	Button3
	Text	退出

① 单击 Form1 窗体空白处，移动鼠标指针到窗体的某尺寸调整手柄上，当指针变成双箭头时按住左键并保持，再拖动鼠标调整窗体至合适的大小。若要进行精确调整，可在"属性"窗口中选择 Size 属性，设置控件的大小，可以直接输入宽度和高度；或者展开 Size 属性，单独设置 Width 和 Height 的值。

② 在"属性"窗口中选择 Text 属性，输入文字"我的第一个应用程序"。可以在单击"属性"窗口左侧的属性名称 Text 后直接输入，也可以双击属性名称 Text 后输入，输入完成之后会发现窗体标题栏的内容由 Form1 变为"我的第一个应用程序"，该属性就是用来设置控件上所显示内容的。

③ 按相同的方法调整 Label 控件和 Button 控件大小，并分别修改其 Text 属性。

④ 如果要调整 Label 控件和 Button 控件的位置，一种方法是可以在选中控件之后使用鼠标拖动的方法将其拖动到合适位置；另一种方法是选中控件之后，在"属性"窗口中选择 Location 属性，直接输入位置 X 和 Y 的值。

⑤ 对于 Label 控件中的文字则通过设置其 Font 属性来设置文字的字体、字形和大小等。单击 Font 属性值栏右边的"…"按钮，将打开字体设置对话框，分别将字体设为宋体、字形设为粗体、字号设为四号，然后单击"确定"按钮。

⑥ 各个对象的 Name 属性，通常作为代码编程中的引用对象，这里先不进行修改。

现在，窗体及其上控件的相关属性已经设置完成，接下来的工作就是如何能使应用程序"动"起来，完成前面所要求的功能，这就必须通过编写代码来实现。

3．编写事件过程代码

（1）事件和事件过程。

Visual Basic .NET 是事件驱动编程机制的语言，也就是只有在事件发生时程序才会运行，没有事件时，程序处在停滞状态。在这里，事件被认为是由 Visual Studio 2013 集成开发环境预先设置好的、能够被对象识别的动作。例如，鼠标的单击、双击、拖动等都是常见的事件。而事件发生时做出响应所执行的程序代码称为事件过程。Visual Basic .NET 应用程序设计的主要工作就是为对象编写事件过程中的程序代码。

当第一次创建事件过程时，Visual Studio 2013 会在代码设计器中显示一个空的事件过程，所有空的事件过程由两行组成，在该框架内直接编写相应功能的程序代码。

```
Private Sub Button1_Click(sender As Object, e As EventArgs) Handles Button1.
Click
      '事件过程代码
End Sub
```

任何事件过程的第一行都包括以下几部分内容：

① Private Sub：将过程当作一个子程序。

② 对象名称：指的是该对象的 Name 属性，本例中对象是名为 Button1 的按钮。

③ 一条下画线。

④ 事件名称：由系统预先定义好的赋予该对象的事件，且这个事件必须是对象能识别的。至于一个对象可以识别哪些事件，无须用户考虑，因为在建立了一个对象后，Visual Studio 2013 能自动确定与该对象相配的事件，并显示出来供用户选择。本例中事件为鼠标单击事件。

⑤ 一对括号，其中包含了两个参数：参数 sender 为产生事件的对象引用，参数 e 包含与事件相关的信息。

⑥ Handles 关键字：连接事件与事件过程。

要了解某个对象能识别哪些事件，可以在代码编辑窗口左侧"类名"下拉列表框中选择所要查看的对象名称，然后单击右侧的"方法名称"下拉按钮，即可看到该对象所能识别的事件列表。

（2）编写事件过程代码。

利用前面介绍的窗体窗口和工具箱窗口可以完成用户界面的设计，其中对象属性是在设计时期通过"属性"窗口设置的。除此之外，也可以在运行时期在程序代码中通过赋值来实现。其具体使用格式如下：

```
对象名.属性名=属性值
```

等号（=）表示赋值语句，在执行时是从右向左赋值的，即将赋值号右侧的属性值赋给左侧指定对象的指定属性，从而修改了对象的属性值。

双击窗体的空白位置，即可创建窗体的 Load 加载事件；双击按钮 Button1 即可进入按钮 button1 的默认单击事件处理过程，过程的开头和结尾由系统自动给出，然后只需在该框架内编写相应功能的程序代码即可。各控件的事件过程代码如图 10-4 所示。

```
Public Class Form1

    Private Sub Form1_Load(sender As Object, e As EventArgs) Handles MyBase.Load
        Label1.Text = "hello world !"
    End Sub

    Private Sub Button1_Click(sender As Object, e As EventArgs) Handles Button1.Click
        Label1.Hide()
    End Sub

    Private Sub Button2_Click(sender As Object, e As EventArgs) Handles Button2.Click
        Label1.Show()
    End Sub

    Private Sub Button3_Click(sender As Object, e As EventArgs) Handles Button3.Click
        End
    End Sub
End Class
```

图 10-4　各控件的事件过程代码

在代码窗口中输入代码时，Visual Studio 2013 提供了很大的便利。当在代码窗口中输入一个对象名称，如前面的 Label1，然后再输入一个点之后，可以出现一个提示框，其中包含了对象的属性、事件和方法，在编程过程中，对于一些不确定名称的属性、事件或方法，就可以直接在提示框选择，降低了出错的可能。

（3）保存设计结果。

为了避免操作失误或计算机故障等造成的劳动成果丢失，及时保存文件永远是重要的。应该养成一个良好的习惯，在应用程序设计过程中，可每隔一定的时间间隔就执行一次保存操作。对各个控件属性进行设置的过程中、设置完成后或编写代码的过程中，都可以通过选择"文件"→"全部保存"命令或单击工具栏中的"全部保存"按钮进行保存。

4．调试与运行

当事件过程编写完成后，就可以通过选择"调试"→"启动"命令或按【F5】键运行程序。

在运行程序时，Visual Studio 2013 首先要进行语法检查，若有错误，就会用波浪线把错误标记出来。查看代码错误有两种方法：

（1）把鼠标指针移至波浪线上，将显示简单的出错信息。

（2）通过"错误列表"窗口。"错误列表"窗口中列出了需要去做的事以及需要修改的错误。如果错误较多，使用"错误列表"窗口是最好的选择。这个窗口不仅对错误进行了描述，如果双击某一错误对应的记录行，还会知道编译错误的代码在哪个位置。通过选择"视图"→"其他窗口"→"错误列表"命令，即可打开"错误列表"窗口。双击错误记录行，就可以直接定位到出错代码行，进行修改即可。

启动运行程序之后，窗体标签 Label1 中自动显示"hello world !"，如图 10-5 所示；单击"隐藏"按钮，则显示"hello world !"的标签将被隐藏；单击"显示"按钮，则被隐藏的标签重新显示在窗体上；单击"退出"按钮，可结束程序。

图 10-5　运行结果窗口

五、实验要求

任务

编写一个 VB.NET 程序，设计一个界面，并显示下面的字符。

我的第一个 VB.NET 程序！

实验二　VB 语言的分支结构——编程计算身体质量指数（BMI）

一、实验学时

1 学时。

二、实验目的

（1）熟悉选择结构相关语句，掌握选择结构的编程思想。

（2）熟练掌握单分支结构、双分支结构和多分支结构的使用。

三、相关知识

Visual Basic .NET 中的选择结构是通过对条件的判断而选择执行不同的分支，其功能是当满足条件时，就执行某一语句块，反之则执行另一语句块。条件语句有 If 和 Select Case 两种形式。

1. If 语句

If 语句是实现选择结构的常用语句，又可分为单分支结构、双分支结构和多分支结构。

（1）If...Then 语句也称单分支结构，有以下两种语句形式。

语句形式 1：

```
If 条件 Then  语句块
```

语句形式 2：

```
If 条件 Then
    语句块
End If
```

（2）If...Then...Else...语句也称双分支结构，其语法形式如下：

```
If  <条件> Then
    语句块 A
Else
    语句块 B
End If
```

（3）多分支结构（或者是 If 语句的嵌套）的语法形式如下：

```
If  <条件 1> Then
    语句块 1
ElseIf  <条件 2> Then
    语句块 2
    …
[Else
    语句块 n+1]
End If
```

2. Select Case 语句

Select Case 语句是多分支结构的另一种表示形式。该语句的语法形式如下：

```
Select Case  <变量或表达式>
    Case  <表达式列表 1>
        语句块 1
    Case  <表达式列表 2>
        语句块 2
        …
    [Case Else
        语句块 n+1]
End Select
```

四、实验范例

编写一个程序，其功能是：当在文本框 TextBox1 中输入身高（单位：cm），文本框 TextBox2 中输入体重（单位：kg）后，单击"计算 BMI"按钮，在文本框 TextBox3 中显示 BMI 值，同时，在标签 Label6 中输出对应的提示信息。BMI 中国标准如表 10-7 所示。

表 10-7 BMI 中国标准

分　　类	BMI 范围	Label6 提示信息
偏瘦	<=18.4	偏瘦，请加强营养！
正常	18.5~23.9	正常，身材不错！
偏重	24.0~27.9	偏重，注意锻炼噢！
肥胖	>=28	肥胖，少吃多运动噢！

身体质量指数 BMI=体重(kg)/(身高 m)^2

窗体界面中添加了 6 个标签、3 个文本框和一个按钮，如图 10-6 所示。

在双击 Button1 按钮，在代码窗口中系统自动创建 Button1 的 click 单击事件过程框架，在其中编写程序代码，运行后，录入身高、体重值，单击"计算 BMI"按钮，程序运行效果和提示信息如图 10-7 所示。

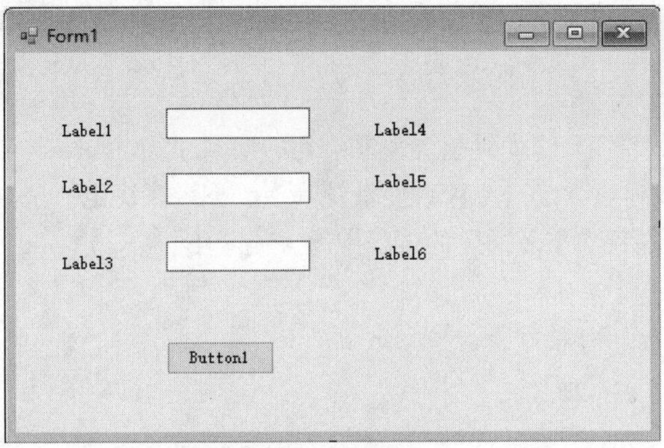

图 10-6　界面设计 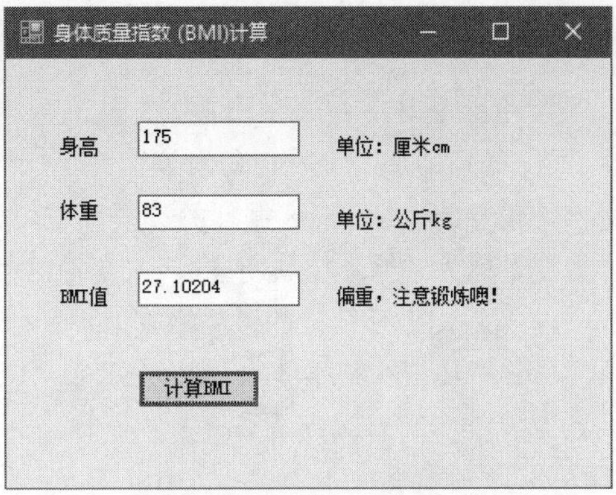　　　　　　图 10-7　程序运行界面

参考程序代码如下：

```
Private Sub Button1 Click(sender As Object, e As EventArgs) Handles Button1.Click
    Dim h, w, BMI As Single
    h = Val(TextBox1.Text)
    w = Val(TextBox2.Text)
    BMI = w / (h / 100) ^ 2
    TextBox3.Text = BMI
    If BMI <= 18.4 Then
        Label6.Text = "偏瘦，请加强营养！"
    ElseIf BMI <= 23.9 Then
        Label6.Text = "正常，身材不错！"
    ElseIf BMI < 27.9 Then
        Label6.Text = "偏重，注意锻炼噢！"
    Else
        Label6.Text = "肥胖，少吃多运动噢！"
    End If
End Sub
```

五、实验要求

任务

给出一个百分制成绩，要求输出成绩等级 A、B、C、D、E。90 分以上为 A，81~89 分为 B，70~79 分为 C，60~69 分为 D，60 分以下为 E。在 VB.NET 中设计界面，并编写程序实现该功能。

实验三　VB 语言的循环结构——编程输出九九乘法表

一、实验学时

1 学时。

二、实验目的

（1）掌握各种形式循环语句的使用以及各种语句之间的差别，学会在编程中使用合适的循环结构解决问题。

（2）熟悉使用 For 语句，关键在于如何利用循环控制变量来控制循环的结束条件。

（3）学会使用 For 语句的各种嵌套，并且会输出二维图形。

三、相关知识

1. For 循环

For 循环即 For...Next 循环结构，又称计数型循环。如果想要重复语句的次数一定，For...Next 通常是较好的选择。For 循环的重复次数可以通过设定一个计数变量及其上、下限来决定，这个计数变量称为"循环控制变量"，该变量的值在每次重复循环的过程中增大或减小。

For...Next 循环结构的语法格式如下：

```
For 循环控制变量=初始值 To 终止值 [Step 步长]
    [语句块]
    [Exit For]
    [语句块]
Next [循环控制变量]
```

2. Do 循环

Do 循环即 Do...Loop 语句，用于在不知道循环次数的情况下，通过一个条件表达式来控制循环次数。Do 循环允许在循环结构的开始或结尾对条件进行测试，还可以指定在条件保持为 True 或直到条件变为 True 时是否重复循环。所以，如果想要更灵活地选择在何处测试条件以及针对什么结果进行测试，一般使用 Do...Loop 语句。

条件前置的 Do While...Loop 结构的语法格式如下：

```
Do  While |Until  <条件表达式>
    [语句块]
    [Exit Do]
    [语句块]
Loop
```

条件后置的 Do...Loop While 结构的语法格式如下：

```
Do
    [语句块]
    [Exit Do]
    [语句块]
Loop  While|Until  <条件表达式>
```

3. 当循环

当循环即 While...End While 循环，用于对一条件表达式进行计算并判断，只要给定条件值为 True，则执行循环体，否则直接执行 End While 后面的语句。每一次循环结束后，重新计算条件表达式。所以，如果要重复一组语句无限次数，可使用 While...End While 结构，只要条件一直为 True，则语句将一直重复运行。

While...End While 循环结构的格式如下：

```
While  <条件表达式>
    [语句块1]
    [Exit While]
    [语句块2]
End While
```

四、实验范例

编写程序，输出两种不同格式的"九九乘法表"。

界面设计：在窗体上放置了一个用于显示输出的文本框，设置 MultiLine 属性为 True，使其变为多行文本；放置 Button1、Button2 按钮，分别修改其 text 属性为"格式一"和"格式二"，如图 10-8 所示。

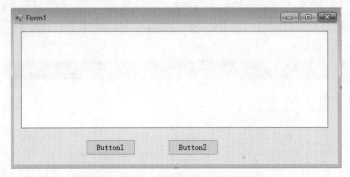

图 10-8　"九九乘法表"设计界面

将实现输出"格式一"乘法表的代码放置到 Button1_Click 事件中，输出"格式二"乘法表的代码放置到 Button2_Click 事件中，当启动程序运行之后，单击"格式一"按钮，在文本框中显示乘法表，如图 10-9 所示；单击"格式二"按钮，在文本框中显示乘法表，如图 10-10 所示。

（1）第一种格式如图 10-9 所示。

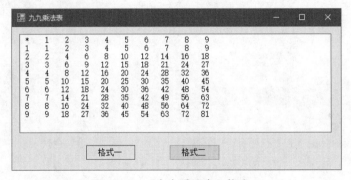

图 10-9　"九九乘法表"格式一

参考程序代码如下：

```
    Private Sub Button1_Click(sender As Object, e As EventArgs) Handles
Button1.Click
        Dim i, j, k, cj As Integer
        Dim str1 As String = ""
        str1 = str1 + " " + "*"
        For i = 1 To 9
            str1 = str1 + Space(3) + Str(i)
        Next i
        str1 = str1 + Chr(13) + Chr(10)
        For j = 1 To 9
            str1 = str1 + Str(j)
            For k = 1 To 9
                cj = k * j
                If cj > 9 Then
                    str1 = str1 + Space(2) + Str(cj)
                Else
                    str1 = str1 + Space(3) + Str(cj)
                End If
            Next k
```

```
        str1 = str1 + Chr(13) + Chr(10)
    Next j
    TextBox1.Text = str1
End Sub
```

（2）第二种格式如图 10-10 所示。

图 10-10　"九九乘法表"格式二

参考程序代码如下：

```
Private Sub Button2_Click(sender As Object, e As EventArgs) Handles Button2.Click
    Dim i, j, cj As Integer
    Dim str2 As String = ""
    For i = 1 To 9
        For j = 1 To i
            cj = i * j
            If cj > 9 Then
                str2 &= CStr(i) & "x" & CStr(j) & "=" & cj & Space(2)
            Else
                str2 &= CStr(i) & "x" & CStr(j) & "=" & cj & Space(3)
            End If
        Next
        str2 = str2 + vbCrLf
    Next
    TextBox1.Text = str2

End Sub
```

五、实验要求

任务一

使用 while 循环实现输出九九乘法表。

任务二

编写程序，使用双重循环输出如下图形。

```
********
* *******
** ******
*** *****
**** ****
***** ***
****** **
******* *
********
```

第 ⑪ 章　Python 语言程序设计基础

Python 是一种面向对象的、解释型的计算机高级程序设计语言。Python 是一门优秀的编程语言，其功能强大、语法简单、易于学习、开发成本低廉，以及可扩展性强、跨平台等诸多特点，已成为深受广大应用开发人员喜爱的程序设计语言之一。

实验一　第一个 Python 语言程序——hello

一、实验学时

2 学时。

二、实验目的

（1）熟练掌握 Python 语言的开发环境及工具。

（2）熟练掌握 Python 语言的编写和运行方法。

三、相关知识

1. Python 简介

Python 是一种解释型、面向对象、动态数据类型的高级程序设计语言。Python 由 Guido van Rossum 于 1989 年底发明，第一个公开发行版发行于 1991 年。Python 源代码遵循 GPL（ GNU General Public License ）协议。

Python 支持多种操作系统，本书以 Windows 10（64 位）为平台讲解 Python（使用 Python 3.7.3 版本）。Python 编程工具可以使用纯文本编辑软件（如 Windows 记事本、TextPad 等），也可以使用集成开发工具（如 IDLE、NetBeans、Pycharm 等）。

2. Python 的下载和安装

可以从 Python 官方网站下载 Python 安装程序和源代码。

（1）从 Python 官方网站下载 Python 安装程序，下载地址为 https://www. Python.org/downloads/windows/。64 位 Windows 系统下载 Windows x86-64 executable installer。下载文件为：python-3.7.3-amd64.exe。

（2）运行 python-3.7.3-amd64.exe，启动 python 安装向导，显示图 11-1 所示的对话框。

图 11-1　Python 安装向导

（3）图 11-1 中显示了两种安装方式：Install Now（按默认设置安装）和 Customize installation（自定义安装）。可选中 Add Python 3.7 to PATH 复选框，将 Python 安装目录添加到系统环境变量中，方便在命令行运行 Python.exe。单击 Customize installation 选项，打开图 11-2 所示对话框。

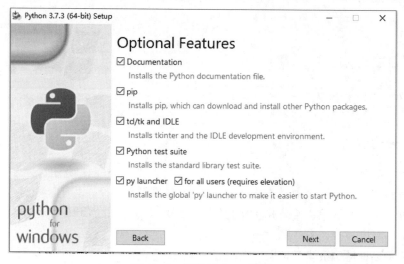

图 11-2　选择 Python 工具

（4）图 11-2 中列出了可选的 Python 工具。Documentation 选项安装 Python 文档；pip 选项安装 pip 工具，用于下载安装第三方 Python 扩展；tcl/tk and IDLE 选项安装 thinter 和开发环境工具 IDLE，Python test suite 选项安装用于测试的标准库。默认情况下，将安装全部工具。单击 Next 按钮打开图 11-3 所示对话框。

（5）在图 11-3 所示对话框中，Install for all users 选项表示是否为全部用户安装 Python，不选表示只为当前用户安装，若要允许其他用户使用 Python，可选中该选项。Associate files with Python（requires the py launcher）选项表示安装 Python 相关文件，默认安装。Create shortcuts for installed applications 选项表示为 Python 创建开始菜单选项，默认安装。Add Python to environment variables 选项表示为 Python 添加环境变量，默认安装。Precompile standard library 选项表示预编译 Python 标准库，预编译可以提高程序运行效率，暂时可不选该选项。Download debugging symbols 选项表示下载调试标识，暂时可不选该选项。Download debug binaries（requires VS 2015 or later）选项表示下载 Python 可调试二进制代码（用于微软的 Visual Studio 2015 或更高版本）。如果不更改默认的安装路径，单击 Install 按钮执行安装，如图 11-4 所示。

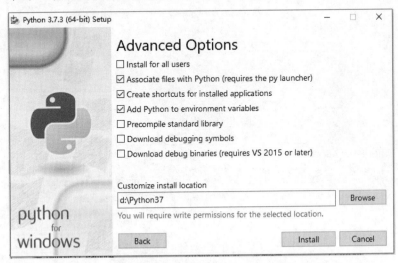

图 11-3　选择 Python 高级选项

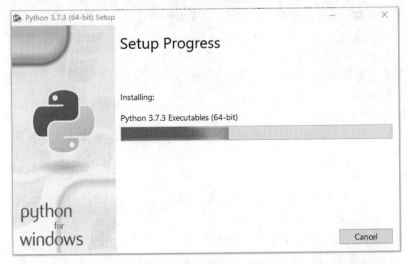

图 11-4　执行 Python 安装

（6）成功完成安装后，显示图 11-5 所示对话框，单击 Close 按钮结束安装。

3. Python 编程工具：IDLE

IDLE 是 Python 自带的集成开发工具。选择"开始"→"所有程序"→Python3.7→IDLE（Python 3.7 64-bit）命令，启动 IDLE 的交互式解释器，如图 11-6 所示。

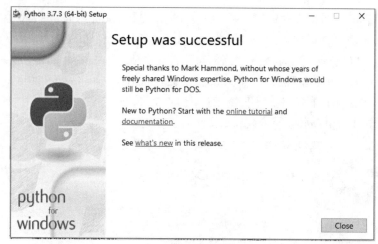

图 11-5　完成安装

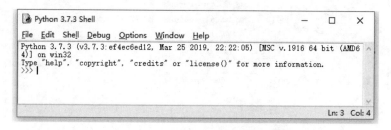

图 11-6　IDLE 交互式解释器

IDLE 使用不同的颜色来表示关键字、常量、字符串等，以方便用户进行区分。IDLE 部分常用操作如下：

（1）执行 Python 命令。

在 IDLE 交互式解释器中，">>>"符号为 Python 提示符，在其后可直接输入 Python 命令，然后按【Enter】键执行。

（2）查找历史命令。

在 ">>>" 提示符后，可按【Alt+P】组合键查找之前执行过的 Python 命令，也可按【Alt+N】组合键向后查找。

（3）创建 Python 程序。

在 IDLE 交互式解释器中，选择 File→New File 命令或按【Ctrl+N】组合键，可打开 IDLE 编辑器编写 Python 程序，如图 11-7 所示。

图 11-7　IDLE 编辑器

四、实验范例

1. 启动 Python IDLE

选择"开始"→"所有程序"→Python 3.7→IDLE（Python 3.7 64-bit）命令。

2. 使用 IDLE 交互模式

在 IDLE 交互模式下输出"hello,world!"。具体操作如下：

在">>>"提示符后，输入 print("hello,world! ")，按【Enter】键执行，观察输出结果，如图 11-8 所示。

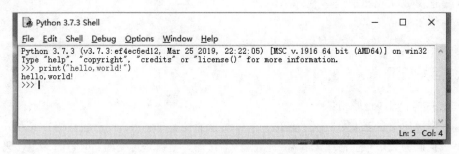

图 11-8　交互模式下输出"hello,world!"

3. 使用 IDLE

用 IDLE 编写 Python 程序输出"hello,world!"。具体操作如下：

（1）启动 Python IDLE。

（2）选择 File→New File 命令，打开 IDLE 代码编辑窗口。

（3）输入下面的代码：

```
print("hello,world! ")
```

（4）选择 File→Save 命令，保存文件为 hello.py。

（5）选择 Run→Run Module 命令，运行程序。程序输出结果显示在 Shell 窗口中，如图 11-9 所示。

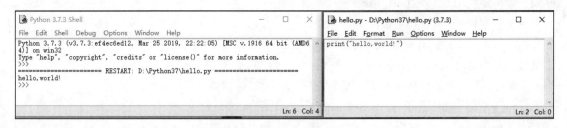

图 11-9　程序运行和输出结果

五、实验要求

任务

编写 Python 程序文件，输出下面的结果。

```
我的第一个 Python 程序！
```

实验二 Python 语言的分支结构——编程计算身体质量指数（BMI）

一、实验学时

2 学时。

二、实验目的

（1）掌握 Python 语言的基本语法。

（2）掌握 Python 语言的表达式应用。

（3）掌握 Python 语言分支结构的使用方法。

三、相关知识

（1）Python 中的缩进原则。

Python 规定使用缩进（空格或 Tab 符）来控制整个程序的结构，同一级代码需要对齐，上级代码和下级代码的关系靠空格或 Tab 符来控制。缩进的空格数是可变的，但是同一个代码块的语句必须包含相同的缩进空格数。

（2）标识符。

标识符就是给变量或者函数起的名字。Python 中标识符的要求是：

① 第一个字符必须是字母表中的字母或者下画线。

② 标识符的其他的部分由字母、数字和下画线组成。

③ 标识符对大小写敏感。

（3）基本输入：input( )函数。

input( )函数用于获得用户输入数据，其基本格式如下：

```
变量=input('提示输入数据')
```

其中变量和提示字符串均可省略。input( )函数将用户输入以字符串返回。如需要输入整数或小数，则需要使用 int( )或 float( )函数进行转换。

（4）基本输出：print( )函数。

Python 3.x 中使用 print( )函数完成基本输出操作。其基本格式如下：

```
print([obj1,…][,sep=''][,end='\n'][,file=sys.stdout])
```

print( )函数所有参数均可省略，无参数时，print( )函数输出一个空行。

print( )函数可同时输出一个或多个对象。

（5）条件语句。

Python 用 if 语句来选择要执行的程序代码，从而实现分支结构。在 if 语句内部，可以包含其他的语句，包括 if 语句。

if 语句的基本结构：

```
if 条件表达式1:
    语句块1
elif 条件表达式2:
    语句块2
…
```

```
else:
    语句块 n
```

根据 Python 缩进规则，if、elif、else 必须对齐，以表示它们是同一个语句。各个语句块中的代码同样必须对齐。

四、实验范例

编程计算身体质量指数（BMI）

BMI 指数是目前国际上常用的衡量人体胖瘦程度以及是否健康的一个标准，主要用于统计用途。当需要比较及分析一个人的体重对于不同高度的人所带来的健康影响时，BMI 值是一个中立而可靠的指标。BMI 值分类如表 11-1 所示。

表 11-1　BMI 值分类

分　　类	国际 BMI 值	国内 BMI 值
偏瘦	<18.5	<18.5
正常	18.5～25	18.5～24
偏胖	25～30	24～28
肥胖	>=30	>=28

问题需求：

（1）给定体重和身高值。

（2）输出 BMI 指数。

（3）根据 BMI 指数输出胖瘦程度。

程序实现（按国内标准）：

打开 IDLE，创建新文件，输入如下代码：

```
name=input("姓名: ")                    #用户输入姓名后按【Enter】键
h=float(input("身高'米'"))              #用户输入身高,以米为单位
w=float(input("体重'kg'"))              #用户输入体重,以 kg 为单位
bmi=w/h**2                              #bmi 指数运算表达式
if bmi<18.5:                           #if 条件表达式 需要以冒号:结尾
    print(name,"您偏瘦，该补充一下营养了")
elif 18.5<=bmi<24:
    print(name,"您不胖不瘦，身体倍棒，吃嘛嘛香")
elif 25<=bmi<28:
    print(name,"您偏胖，可以适当做一下运动")
elif 28<=bmi<32:
    print(name,"都说古代以胖为美，这都 21 世纪了")
elif bmi>32:
    print(name,"再不控制体重，风里雨里，医院里等你")
```

保存文件为 bmi.py，选择 Run→Run Module 命令，运行结果如图 11-10 所示。

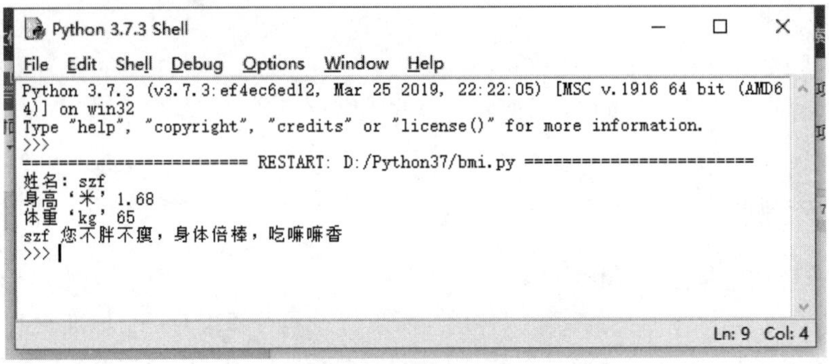

图 11-10　bmi.py 运行结果

五、实验要求

任务

按照国际标准，编程计算身体质量指数（BMI）程序。

实验三　Python 语言的循环结构——编程输出九九乘法表

一、实验学时

2 学时。

二、实验目的

（1）熟练掌握 while 循环结构的使用方法。
（2）熟练掌握 for 循环结构的使用方法。
（3）掌握循环嵌套的基本方法。
（4）掌握输出格式的控制方法。

三、相关知识

1. for 循环

for 循环是 Python 中的一个通用序列迭代器，可以遍历序列对象中的所有对象。

for 循环的基本格式如下：

```
for var in object:
    循环体语句块
else:
    语句块
```

else 部分可以省略。for 执行时，依次将可迭代对象 object 中的值赋给变量 var。var 每赋值一次，则执行一次循环体语句块。循环结束时，如果有 else 部分，则执行对应的语句块。else 部分只在正常结束循环时执行。

例如：

```
for letter in 'Python':  # 逐个输出字符串中的字符
    print('当前字母：', letter)
```

2．while 循环

while 循环在测试条件为真时执行循环体，也称"当型循环"。如果测试条件一开始就为假，则不会执行循环体。

while 循环基本结构如下：

```
while 测试条件:
    循环体
else:
    语句块
```

while 循环执行时，首先计算测试条件，若条件成立则执行循环体，否则循环结束。与 for 循环类似，可在循环体中使用 break 和 continue 语句。else 部分可以省略。

例如：计数器不小于 5 时退出循环。

```
count = 0
while count<5:
    print(count," is less than 5")
    count = count+1
else:
    print(count," is not less than 5")
```

3．循环的嵌套

for 循环和 while 循环都允许在循环的内部使用另一个循环结构。

例如：

```
for i in range(1,10):
    for j in range(1,10):
        Print(i*j,end=' ')


a=1
while a<10:
    b=1
    while b<=a:
        print(a*b,end=' ')
        b=b+1
    print()
a=a+1
```

四、实验范例

编写九九乘法表。

实验范例运行结果如图 11-11 所示。

具体实现步骤如下：

（1）打开 IDLE 环境，选择 FILE→New File 命令，打开创建新文件窗口。

（2）在文件编辑器中输入代码，如图 11-12 所示，保存文件为 cf99.py。

```
for i in range(1,10):
    for j in range(1,i+1):
        print('%s*%s=%s' %(i,j,i*j),end = ' ')
    print()
```

图 11-11　实验范例运行结果

说明：for i in range(1,10)是指 i 的取值是在 1~9 之间取值，步长为 1。

for j in range(1,i+1) 是嵌套的一个内循环，j 的取值是在 1~i 之间，步长为 1。

print('%s*%s=%s' %(i,j,i*j),end = ' ') 为格式输出，按照给定的格式，在%的位置输出一个值。式子后加一个空格。

print( )函数输出换行符。

图 11-12　编辑文件

五、实验要求

任务一

使用 while 循环实现输出九九乘法表。

任务二

编写程序，使用双重循环输出如下图形。

```
      * * * * * * * *
      *  * * * * * * *
      * *  * * * * * *
      * * *  * * * * *
      * * * *  * * * *
      * * * * *  * * *
      * * * * * *  * *
      * * * * * * *  *
      * * * * * * * *
```

参 考 文 献

[1] 教育部高等学校大学计算机课程教学指导委员会. 大学计算机基础课程教学基本要求[M]. 北京：高等教育出版社，2016.

[2] 大学计算机基础教育改革理论研究与课程方案项目课题组. 大学计算机基础教育改革理论研究与课程方案[M]. 北京：中国铁道出版社，2014.

[3] 中国工程教育专业认证协会秘书处. 工程教育认证工作指南[Z]. 中国工程教育专业认证协会秘书处，2015.

[4] 包空军，程静. 大学计算机[M]. 北京：电子工业出版社，2017.

[5] 王鹏远，程静. 大学计算机实践教程[M]. 北京：电子工业出版社，2017.

[6] 程静，包空军. 大学计算机教程[M]. 郑州：河南科学技术出版社，2018.

[7] 王鹏远，程静. 大学计算机学习与实践指导[M]. 郑州：河南科学技术出版社，2018.

[8] 尚展垒，陈嫄玲，王鹏远，等. C 语言程序设计技术[M]. 北京：中国铁道出版社，2019.

[9] 王鹏远，程静，苏虹，等. C 语言程序设计技术实践指导[M]. 北京：中国铁道出版社，2019.

[10] 战德臣. 大学计算机：理解和运用计算思维[M]. 北京：人民邮电出版社，2018.

[11] 刘冬杰，郑德庆. 大学计算机基础[M]. 北京：中国铁道出版社，2018.

[12] 熊福松，黄蔚，李小航. 计算机基础与计算思维[M]. 北京：清华大学出版社，2018.

[13] 黄崑，白雅楠. Access 数据库基础与应用[M]. 北京：清华大学出版社，2014.

[14] 张振花，田宏团. 多媒体技术与应用[M]. 北京：人民邮电出版社，2018.

[15] 包空军，孙占锋，韩怿冰，等. Visual Basic.NET 程序设计技术[M]. 北京：中国铁道出版社，2019.

[16] 孙占锋，包空军，张安琳，等. Visual Basic.NET 程序设计技术实践教程[M]. 北京：中国铁道出版社，2019.

[17] 龚沛曾，杨志强. 大学计算机[M]. 北京：高等教育出版社，2017.